青海省异常气候事件的成因分析及影响评估

主　编：杨昭明
副主编：张调风　刘彩红

内 容 简 介

本书着重从青海省旱涝、低温、雪灾三类典型的天气气候事件入手，分别从春、夏、秋季旱涝异常、冬季气温异常、冬春季降雪异常方面做了深入研究，揭示出气候异常的事实，研究出环流因子等方面造成异常的原因，分析了气候异常对农业、牧业、水资源、冻土等方面的影响。通过分析青海省异常气候事件的特征、成因及影响，不仅对全球气候变化在青海高原的响应有了清晰的认识，而且对当地气候异常和极端气候事件的变化规律有了更深入的了解。在此基础上，评估异常气候对农牧业、生态环境等方面的影响，对青海省及青藏高原生态环境资源保护和应对极端气候事件及其次生灾害有显著意义，同时为高原及周边区域异常气候事件发生规律和可预测性提供了基础性研究。

本书可供从事高原气候业务科研人员和大专院校相关专业的师生参考。

图书在版编目（ＣＩＰ）数据

青海省异常气候事件的成因分析及影响评估 ／ 杨昭明主编. -- 北京：气象出版社，2021.8
 ISBN 978-7-5029-7514-2

Ⅰ．①青… Ⅱ．①杨… Ⅲ．①气候异常－研究－青海 Ⅳ．①P461

中国版本图书馆CIP数据核字(2021)第153819号

青海省异常气候事件的成因分析及影响评估
Qinghai Sheng Yichang Qihou Shijian de Chengyin Fenxi ji Yingxiang Pinggu

出版发行：	气象出版社		
地　　址：	北京市海淀区中关村南大街46号	邮政编码：	100081
电　　话：	010-68407112（总编室）　010-68408042（发行部）		
网　　址：	http://www.qxcbs.com	E-mail：	qxcbs@cma.gov.cn
责任编辑：	陈　红	终　　审：	吴晓鹏
责任校对：	张硕杰	责任技编：	赵相宁
封面设计：	地大彩印设计中心		
印　　刷：	北京建宏印刷有限公司		
开　　本：	787 mm×1092 mm　1/16	印　　张：	8.5
字　　数：	218 千字		
版　　次：	2021年8月第1版	印　　次：	2021年8月第1次印刷
定　　价：	70.00 元		

本书如存在文字不清、漏印以及缺页、倒页、脱页等，请与本社发行部联系调换

《青海省异常气候事件的成因分析及影响评估》编委会

主　编：杨昭明

副主编：张调风　刘彩红

编　委：杨延华　马有绚　段丽君　时盛博　董少睿

　　　　戴　升　时兴合　来晓玲　温婷婷　赵全宁

前　言

气候是影响自然生态系统的活跃因素,是自然生态系统状况的综合反映,也是人类社会生存与发展的重要物质基础。推进经济社会绿色发展及生态文明建设,需要科学认识气候,主动适应气候,合理利用气候,不断提升对气候规律的认知水平和把握能力,科学有效防御气象灾害,趋利避害,适应和顺应气候规律。当前,关于气候学的研究不断推进,探究气候演变规律、减轻气候灾害的影响已是科学界及社会普遍关注的重大热点课题。

青海省地处青藏高原腹地,是全球气候变化响应最为敏感的地带之一,也是生态环境脆弱地区,是我国重要的水源地和生态屏障区。在气候变暖的大背景下,青海省近60年升温速度远高于全国和全球的平均水平,导致极端天气气候事件和气象灾害趋多趋强,干旱、暴雨、雪灾等气象灾害加剧,已对青海脆弱的生态环境及经济社会发展产生了明显的影响。

《青海省异常气候事件的成因分析及影响评估》以全省地面观测、卫星遥感及水文等多种资料为基础,利用气候统计、数值模拟等方法,整合最新研究成果而成。书中系统全面地描述了青海省旱涝异常、气温异常和雪灾异常的特征及成因诊断,客观评估了气候异常对农业、牧业及水资源等方面的影响,具有较强的科学性,可为青海省生态文明建设、经济社会高质量发展及应对气候变化科学决策提供依据和参考。

本书由杨昭明、张调风和刘彩红拟定了大纲和每章的要点。第1章由杨昭明、杨延华编写;第2章由马有绚、段丽君、董少睿、戴升、来晓玲编写;第3章由时盛博、张调风编写;第4章由刘彩红、时兴合、温婷婷、杨延华编写;第5章由张调风、刘彩红、戴升、赵全宁、董少睿编写。全书由张调风统稿,刘彩红、杨昭明审定,来晓玲、温婷婷参与图文校对审核。青海省科研基础研究项目、中国气象局气候变化专项(CCSF202021)对本书的出版给予了大力支持,在此表示感谢!

由于付梓仓促,虽经再三刊校,书中错漏在所难免,敬请广大读者不吝指正。

编者
2021年4月

目 录

前言
第1章 绪论 ······(1)
第2章 青海省旱涝异常特征和成因分析 ······(5)
  2.1 北部气候由暖干向暖湿转型的变化特征分析 ······(5)
  2.2 春季旱涝异常特征及其成因 ······(11)
  2.3 夏季旱涝异常特征及其成因 ······(23)
  2.4 秋季旱涝异常特征及其成因 ······(35)
第3章 青海省冬半年气温异常特征和成因诊断 ······(45)
  3.1 强降温次数变化特征及其成因 ······(45)
  3.2 强降温强度变化特征及其成因 ······(50)
  3.3 区域持续性低温事件变化特征 ······(56)
第4章 青海省雪灾异常特征和成因诊断 ······(64)
  4.1 雪灾的变化特征 ······(64)
  4.2 雪灾异常的环流特征 ······(65)
  4.3 雪灾异常的海温特征 ······(67)
  4.4 典型雪灾年成因分析 ······(71)
  4.5 结论 ······(76)
第5章 青海省气候异常的影响评估 ······(78)
  5.1 气候变化对农业的影响评估 ······(78)
  5.2 气候变化对牧业的影响评估 ······(86)
  5.3 气候变化对典型区域水资源的影响评估 ······(93)
  5.4 气候变化对三江源地区冻土的影响评估 ······(112)

参考文献 ······(119)

第1章 绪 论

近百年来，受人类活动和自然因素的共同影响，世界正经历着以全球变暖为显著特征的气候变化，全球气候变暖已经深刻影响人类的生存和发展。中国是全球气候变化的敏感区和影响显著区之一，20世纪中叶以来，中国区域升温率明显高于同期全球平均水平，气候变化对中国粮食安全、水资源、生态、环境、能源、重大工程、经济发展等诸多领域构成严峻挑战，气候风险水平趋高。青藏高原作为全球变化的敏感区而备受瞩目，研究表明，青藏高原气候及生态环境的变化不仅直接影响着当地自然资源开发利用和经济建设，而且对全球气候变化及生态平衡起着极其重要的作用。在全球变暖的大背景下，近几十年来，极端气候事件的发生也愈加频繁。青藏高原特殊的地势和地理位置使其具有独特的能量和水分分布格局（郑度 等，1999），独特的地理特征和脆弱的生态系统使其对气候变化和极端气候事件的变化极其敏感，抵御自然灾害能力较差（李红梅 等，2015）。

青海省作为青藏高原的主体部分，是我国生物物种形成、演化的中心之一，也是国际学术界瞩目的研究气候和生态环境变化的敏感区和脆弱带。青海境内地形、地貌复杂，高山、谷地、盆地交错，多年积雪、冰川、戈壁、沙漠、草原等广有分布，本书中将其主要分为东部农业区、环青海湖区、柴达木盆地、青南牧区四个功能区进行研究（图1.1）。复杂的地形条件，高峻的海拔高度和严酷的气候条件决定了青海是一个气象灾害十分频繁的省份。近10年来青海省出现了干旱、雪灾、暴雨洪涝、低温天气（寒潮、霜冻）、大风沙尘暴、连阴雨、强降水（雷电、冰雹）、高温热害等灾害，对农牧业生产、交通运输、能源等行业以及人民生命财产造成重大损失，尤其是局地暴雨引发的山洪、雷击造成了一定的人员伤亡。明晰青海省异常气候事件的特征、成因及影响，不仅对青海省气候现状有清晰的认识，而且对气候异常的成因有深入的研究，在此基础上评估异常气候对农牧业、生态环境等方面的影响，不仅对青海省、青藏高原生态环境资源保护和应对极端气候事件及其次生灾害有显著意义，也为高原及周边区域异常气候事件发生规律和可预测性提供研究基础。

干旱是青海省出现最频繁、影响最严重的气象灾害之一，近10年来，几乎每年春季均出现干旱，部分年份出现夏季干旱，导致省内农业区农作物的播种、出苗及分蘖期、拔节期普遍推迟。2010年11月至次年4月出现跨年连旱，青海省东部农业区、环青海湖地区及玉树南部降水持续偏少，出现轻—重旱，严重影响农作物播种及生长发育；2017年出现21世纪以来最重夏旱，当年6—7月，农业区及部分牧业区降水量偏少5成以上，其中农业区50%以上耕地出现中—重度干旱，造成粮食作物减产，牧区旱情影响牧草生长发育，部分地区牧草提前黄枯。

青海省冬季气温低，积雪难以融化，掩埋草场，影响牲畜采食甚至造成死亡，极易造

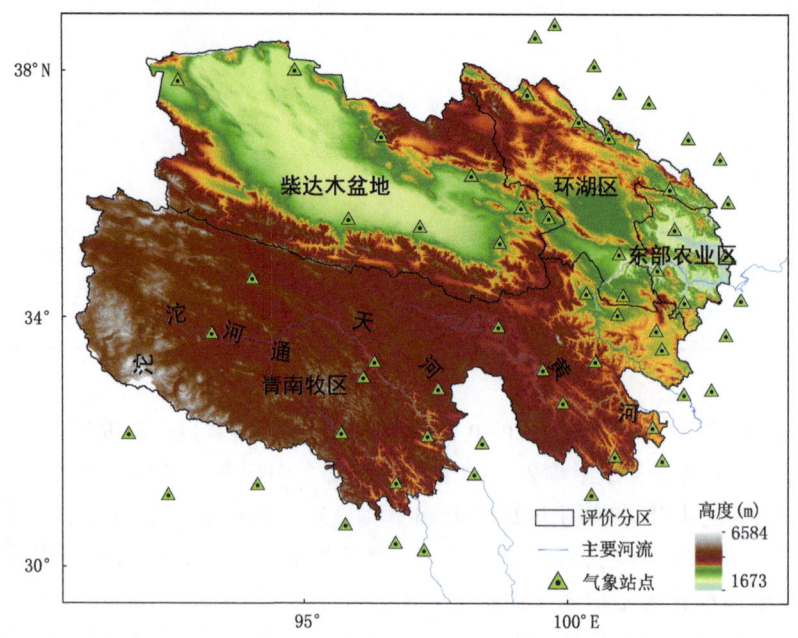

图 1.1 青海省气象站及生态功能区划分(张调风 等,2013)

成雪灾。近 10 年来,除了 2016 年牧业区出现短时积雪外,其余每年均达到不同程度的雪灾标准,甚至出现雪灾灾情。2010 年、2011 年和 2017 年部分地区出现轻度雪灾,其余年份出现中—特重度雪灾,尤其 2018—2019 年冬季雪灾尤其严重。2018 年入冬以来青海省青南牧区大部及海西东部发生了特大雪灾,共有 22 站次达到雪灾标准,玛多、甘德、杂多、称多清水河、德令哈、都兰达到特重度雪灾标准,玛多积雪持续时间长达 143 d,最大积雪厚度达 22 cm。此次雪灾降雪量之大、大雪日数之多、强度之强、降水过程之多、积雪维持时间之长实属罕见,特重度雪灾总站数为 1961 年以来最多,对当地牧业生产及人民财产造成较大损失。

夏季暴雨洪涝灾害也是青海省受灾最严重的气象灾害之一。近 10 年来,每年夏季都会出现多起暴雨洪涝灾害,引起山体滑坡、泥石流等,致使道路交通、水利设施、民房草场等不同程度受灾,甚至造成人员伤亡,造成一定的经济损失。其中 2010 年、2012 年、2015 年及 2016 年暴雨洪涝灾害发生次数较多,尤其 2016 年出现 87 起,次数最多;2010 年造成 28 人死亡,死亡人数最多;2016 年夏季出现的暴雨洪涝灾害共造成 6 人死亡、3 人受伤,群众财产及多处道路桥梁、农田、林地、道路、水利设施等受到严重损失,直接经济损失 4.36 亿元,灾害损失为近 10 年同期最重。

除以上主要天气气候事件以外,全省雷电、低温天气以及海西的沙尘暴、东部农业区的冰雹、连阴雨等其他事件对青海省的农牧业生产、经济发展造成了一定的影响。本书着重从青海省旱涝、低温、雪灾三类典型的天气气候事件入手,分别从春、夏、秋季旱涝异常、冬季气温异常、冬春季降雪异常方面做了深入研究,揭示气候异常的事实,研究环流因子等方面造成异常的原因,分析了气候异常对农作物、植被、水文、冻土等方面的影响评估。

青海省北部地区(柴达木盆地)年平均气温显著上升,年降水量和降水日数增加,蒸散量减少,湖泊面积扩大、荒漠化面积减少,气候从暖干向暖湿型转化。春季青海省各功能区总体呈现增湿特征,其中增湿幅度最明显的地区为青南牧区,偏涝年欧亚中高纬 500 hPa 高度距平总体呈"正—负—正"分布形势,中国大部形成西低东高的配置;在相反的环流形势下,青海降水偏少、容易发生干旱;旱涝急转期间,欧亚地区的大气环流存在较大的差异。夏季典型干旱年 500 hPa 欧亚中高纬度上空高度距平分布为正距平,北极地区也为正距平控制,极涡偏弱,青藏高原上由弱的正距平控制;非干旱年,极涡偏强,中心偏向亚洲北部,南支低压槽活跃。影响青海省秋季降水的主要环流因子与华西秋雨一致,降水偏强年高空 200 hPa 为辐合、低空 850 hPa 为辐散;西太平洋副热带高压(简称西太副高)增强,乌拉尔山高压增强,印缅槽加深,有利于水汽辐合,秋季降水偏多,反之,则不利于降水;孟加拉湾偏西南暖湿气流、沿西太副高外围的偏东南水汽是秋季主要水汽来源。青海省冬半年中等强度冷空气、强冷空气、寒潮过程平均次数均有所减少,大西洋欧洲区极涡面积指数、北半球极涡中心纬向位置指数、太阳黑子指数减小以及热带北大西洋海温指数、太阳辐射通量指数、大西洋经向模海温指数增大是导致年冷空气次数减少的主要原因之一;青海省冬半年中等强度冷空气、强冷空气、寒潮过程平均强度均有所减小,西藏高原 B 指数、Niño A 区海表温度距平指数、西太平洋暖池强度指数、欧亚径向环流指数的增强和热带印度洋海温偶极子指数、30 hPa 纬向风指数等因子减弱是导致年冷空气强度减弱的主要原因之一。冬半年区域持续性低温事件主要集中在气候变暖前,低温事件发生的密集区主要集中在东部农业区;当极涡指数、高原高度场、印缅槽、北极涛动指数、高原加热场五种气候指数达到极端年份时,发生区域性极端低温事件的概率较高。冬半年青海省雪灾频数总体呈减少趋势,雪灾频数变化与赤道中东太平洋、热带印度洋海温异常相关显著,赤道中东太平洋 El Niño 型海温异常有利于偏北气流引导冷空气从西伯利亚通道南下,在高原堆积;而印度洋偶极子型海温异常有利于西北太平洋气流、孟加拉湾气流进入高原,为高原降雪提供了水汽条件。

  气候异常造成农作物(春小麦)、植被、水文、冻土等时间、空间上形成显著差异。春小麦降水盈亏量的年际间变化趋势在 1988 年发生突变,这与青海省极端气温突变的年份一致;东部农业区局部地区因受风力大、热量低、海拔高的影响,降水盈亏易形成高、低值的闭合区;春小麦生育期降水盈亏量对平均气温、相对湿度、平均风速和日照时数 4 个气象因素正、负敏感的站点数量分布基本相同,但空间分布差异较大;从气象干旱的角度探索了东部农业区春小麦生育阶段降水亏缺量的变化,在气候变暖的背景下可以为春小麦关键生育期的生产实践提供更为明确的抗旱依据。1961—2013 年,青南牧区牧草生长季与牧草青草期,以及牲畜抓膘期均表现为开始期提早、结束期推迟、持续日数延长的变化特征,而牲畜掉膘期呈现出开始日推迟、结束日提早、持续日数缩短的变化特点;近 53 年牧草生长季没有表现出明显的振荡周期,牧草青草期 $8 \sim 12$、$16 \sim 18$ a 的周期突出,牲畜抓膘期 $4 \sim 6$ a、$8 \sim 12$ a 周期信号强度较强,牲畜掉膘期具有 $4 \sim 6$ a、$16 \sim 18$ a 的振荡周期;预估 RCP2.6、RCP4.5、RCP8.5 情景下,2015—2035 年,青海牧区平均牧草生长季、牧草青草期、牲畜抓膘期均延长 $11.5 \sim 13.2$ d、$18.2 \sim 20.9$ d 和 $18.5 \sim 21.5$ d,牲畜掉膘期缩短 $15.7 \sim 18.1$ d。祁连山区降水量与湖泊水位、河流流量呈正相关,流域降水量是湖泊水位上升或下降的直接气候因子,进入 21 世纪祁连山区降水量明显增加以来,青海湖水位逐年上升;青海湖水位、巴音河、布哈河、大通河流量与各级极端年降水量相符率在 $51.5\% \sim 73.1\%$,当年各级极端降水量大,则青海湖水位上升、各河流年流量增加。在全球变暖背景下,时间上,玉树地区年平均气温和平均地温均呈上升趋势,最大冻土深度整体则显著下降;空间上,最大冻土深度呈"西北高、东南低"分布特征,北部减少的速率大于南部,其冻土值分布与海拔高度存在显著的线性相关且随海拔高度升高而增大,具有明显的垂直地带性分布;玉树地区季节性冻土具有显著的年内变化特征,季节性变化明显,由于地气热量交换过程使季节性冻土最大冻土深度对温度的响应变化存在一定的滞后;对冻土影响最大的是平均地温,其次为平均最低气温和平均气温;局地温度变化对季节性冻土的影响有一定差异性。

第2章 青海省旱涝异常特征和成因分析

2.1 北部气候由暖干向暖湿转型的变化特征分析

全球大幅度变暖,将导致海洋与陆地水体蒸发和大部分海洋与陆地降水增加、冰川消融增强、河川径流量扩大、湖泊面积增加、沙尘暴减少、植被增加及干旱区可能缩小。自20世纪80年代中后期以来,柴达木盆地(下称盆地)气候出现由暖干向暖湿转变的迹象,由于这一变化对生态环境和社会经济带来的可能影响不确定,因此受到科学家们的广泛关注。现有研究成果(时兴合 等,2005;陈碧珊 等,2010;伏洋 等,2010)尚未能准确、全面地阐述盆地的气候要素变化与湖泊等生态环境变化的关系以及气候由暖干向暖湿转变的事实。为此,本节采用盆地地面气象资料(包括温度、降水和蒸散量)以及盆地湖泊面积等方面对盆地气候的变化特征进行分析,从而对盆地的气候由暖干向暖湿转型有一个全面认识。

2.1.1 数据及方法

选取柴达木盆地茫崖、冷湖、小灶火、大柴旦、德令哈、格尔木、诺木洪、乌兰、都兰和茶卡10站1961—2018年平均气温、降水、蒸发等观测数据和1961—2017年柴达木盆地湖泊面积(克鲁克湖、托素湖、小柴旦湖)、河流(格尔木河)流量、荒漠化面积等数据。

2.1.2 柴达木盆地气候由暖干向暖湿转型的事实

2.1.2.1 气温

1961—2018年,柴达木盆地年平均气温为3.6 ℃,其年平均气温和季节平均气温显著升高,年平均气温增温速率为0.49 ℃/10a(图2.1a),明显高于青海省的平均增温速率(0.32 ℃/10a)。20世纪90年代以来(1991—2018年),增温速率更为显著。各个季节平均气温也表现出一致的升高趋势,其中以冬季升温最为明显,增温速率为0.67 ℃/10a。从总体来看,90年代以来,秋、冬两季增温趋势趋于平缓,而春、夏两季增温速率加大。从空间分布来看,盆地西南部增温速率较大,为0.52~0.82 ℃/10a(图2.2a),其中茫崖升温幅度最大,超过为0.82 ℃/10a。

2.1.2.2 降水

1961—2018年柴达木盆地年降水量呈增加趋势,为10.3 mm/10a(图2.1b)。20世纪60—70年代降水量以偏少为主,80年代中期降水偏多,但90年代中期至2001年,呈偏少趋势(图2.2a)。2002年以后降水量开始呈现明显的增加趋势。20世纪60年代和70年代年降水量分别为33.8 mm和79.8 mm,80年代为111.1 mm,90年代又减少为99.6 mm,2001—2010

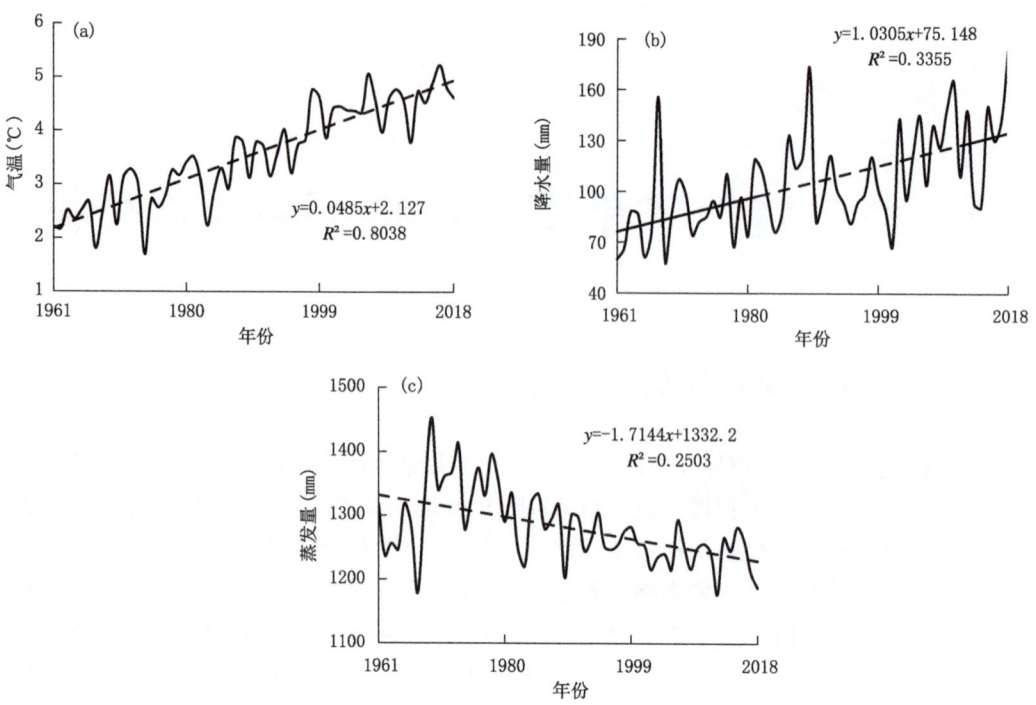

图 2.1　1961—2018 年柴达木盆地年平均气温(a)、年降水量(b)及年蒸发量(c)的年际变化趋势

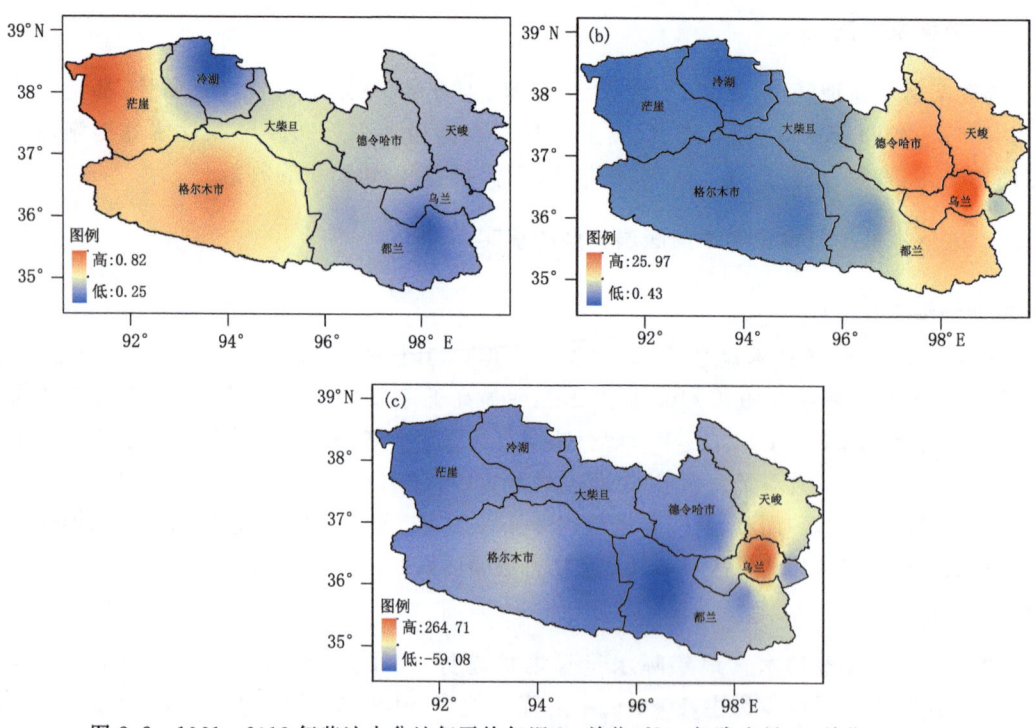

图 2.2　1961—2018 年柴达木盆地年平均气温(a,单位:℃)、年降水量(b,单位:mm)及
年蒸发量(c,单位:mm)的年际变率空间分布

年降水量为 125.5 mm。降水量分布呈自西向东递增的特征,其中天峻、德令哈、乌兰降水量增加最明显,线性倾向率为 16.86～25.97 mm/10a(图 2.2b)。

2.1.2.3 蒸发

1961—2018 年柴达木盆地年蒸发量为 1249.1 mm,呈减小趋势,平均每 10 年约减小 21.7 mm(图 2.1c)。从阶段性变化来看,20 世纪 70 年代以前蒸发量明显增加,在 1969 年达到最大值(1419.1 mm);70 年代初至 80 年代末蒸发量呈下降趋势,下降速率为每 10 年 90 mm,在 1989 年达到最小值(1139.5 mm),90 年代蒸发量有所回升,进入 21 世纪,蒸发量整体呈缓慢下降趋势。柴达木盆地年蒸发量西部高,东部低,呈自西向东减少的分布特征。从空间变率来看,盆地西北部及中部年蒸发量减少最为明显,平均每 10 年减少 28 mm;东部年蒸发量增加明显,其中乌兰最为显著,平均每 10 年增加 264 mm(图 2.2c)。

2.1.2.4 湖泊

柴达木盆地内湖泊众多,星罗棋布。分布在盆地中心平原区的湖泊,多为有源闭流的咸水湖和盐湖,属地表水和地下水的汇流中心;分布在昆仑山北麓海拔 4 km 以上的山区湖泊,多为有源外泄的淡水湖,对流入柴达木盆地内的河流具有一定的调节作用。盐湖开发和气候变化使得盆地内湖泊水域面积发生了变化,2000—2017 年盆地内湖泊面积总体呈扩大趋势。近年来,柴达木盆地内湖泊面积均有波动,东台吉乃尔湖面积呈较明显的缩小趋势,北霍不逊湖、克鲁克湖面积基本稳定,其余湖泊面积均呈扩大趋势,其中南霍不逊湖、西台吉乃尔湖、达布逊湖面积扩大明显。

气候变暖背景下,柴达木地区山区降水呈增加趋势,冰雪融水增多,注入湖泊的冰雪融水和降水量大于湖面蒸发,是湖泊面积扩大的原因。2003—2018 年托素湖、哈拉湖、小柴旦湖面积均呈增大趋势,增加率分别为 12.6 km²/10a、16.7 km²/10a 和 20.1 km²/10a,可鲁克湖面积呈略微减小趋势,减小率为 0.9 km²/10a(图 2.3)。如柴达木盆地北部的小柴旦湖即使降水较少的年份,只要气温较高,湖泊面积仍然较大。这是由于塔塔棱河注入小柴旦湖,塔塔棱河源区现代冰川发育,冰雪融化水源丰富。由图 2.3 所示,小柴旦湖面积增加表明气温升高加速冰雪融化对湖泊面积增加的贡献不可低估。

2.1.2.5 河流

柴达木盆地四周的高山,是 70 多条河流的发源地,河流出山口后水量逐渐减少或变为季节性河段或中途消失。盆地水系分布不均匀,在相对多雨的东南部和东北部河网密集,径流相对丰沛,径流深 10～50 mm;干旱少雨的西北部河流稀疏,径流深不足 5 mm;盆地中央是大面积的无径流区。柴达木盆地河流的补给形式有大气降水、冰雪融水和地下水,气温与降水的变化均影响盆地的地表径流,但降水变化的影响比气温更为显著。盆地多数河流水量主要集中在夏季,最大月径流多出现在 7 月,连续最大 4 个月径流一般出现在 6—9 月。一些受春汛的支流,连续最大 4 个月径流出现在 4—7 月。

目前,43 条河流常年有水,分别注入 12 个湖泊。年径流超过 1 亿 m³ 的河流有 10 条。其中,格尔木河集水面积和径流量位居第 2 位,巴音河位居第 4 位。格尔木河源于昆仑山北坡,集水面积 1.86 万 km²,山区基岩裂隙水发育,河川径流以地下水补给为主,水量稳定,年径流量 7.9 亿 m³,年际和年内变化不大,连续最大 4 个月径流占全年径流的 40%～50%,地下水、冰雪融水和雨水的补给量分别是年径流量的 65%、23% 和 12%。巴音河源于盆地东北部的柏

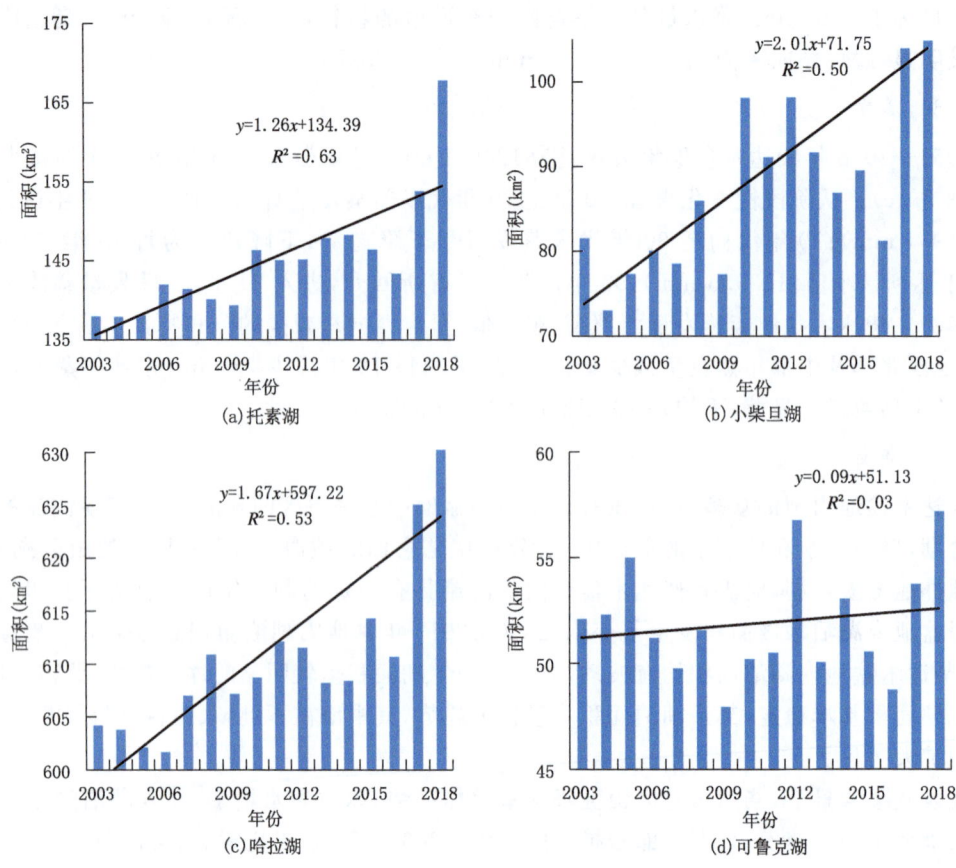

图 2.3　2003—2018 年托素湖、小柴旦湖、哈拉湖和可鲁克湖面积变化

树山,集水面积 7281 km²,年径流量 2.7 亿 m³,上游河段受雨雪补给,连续最大 4 个月径流占全年径流的 65% 左右,下游河段受地下水补给,连续最大 4 个月径流占全年径流的比重下降为 52% 左右。

格尔木河由东、西两条支流汇合而成。东支发源于巴颜喀拉山北坡,河源海拔 5692 m,河长 317 km,集水面积 10723 km²;西支发源于昆仑山北坡的狼牙山,河源海拔 5400 m,河道长 248 km,集水面积 7527 km²。河水来源于冰雪融水、降水和地下水补给。

1956—2018 年,格尔木河年径流整体呈下降趋势,平均下降为 252.49 万 m³/a(图 2.4)。结合 5 年滑动平均的曲线可以看出,1956—1961 年径流量有小幅度的减少;但随后的 1962—1979 年间,径流量表现出连续 18 年的上升趋势;之后,1980—1993 年径流量又逐年减少至 1956 年以来的最低值;1994—2018 年年径流开始缓慢地上升和保持平稳,但上升幅度较小。总体情况来看,上升经历时间较长,但下降时间集中,且下降幅度较大,年径流量整体依旧是减少趋势(陈文元,2019)。

2.1.2.6　荒漠化

柴达木盆地是我国荒漠化分布最高的地区之一,最主要的环境问题就是土地沙漠化。柴达木地区沙化土地以戈壁、风蚀残丘、风蚀劣地、流动沙地(丘)、半固定沙地(丘)和固定沙地(丘)为主要类型集中分布,是我国沙化土地分布海拔最高的地区。柴达木盆地土地资源受自然

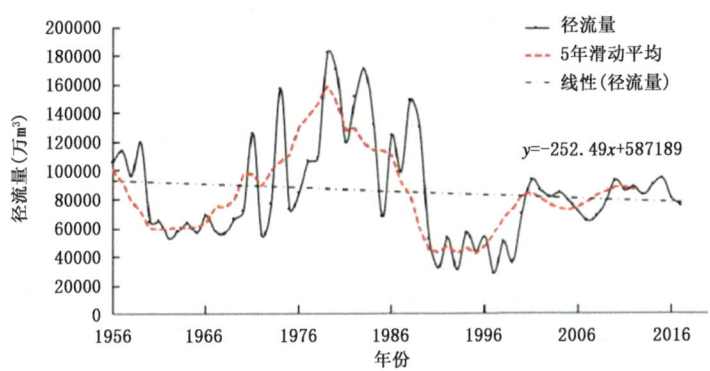

图 2.4　1956—2018 年格尔木河年径流线性趋势及滑动平均曲线(陈文元,2019)

和人为因素影响表现为土地沙漠化面积大,沙化严重,非沙漠化与沙漠化土地相间分布。沙漠化土地主要分布在冷湖—茫崖—甘森—乌图美仁一带,其次为盆地的绿洲带(主要在盆地东部)。

2000 年以来,柴达木盆地荒漠化总面积在缓慢减少,由 2000 年的 1845 万 hm²,减少到 2017 年的 1767 万 hm²,减少了 78 万 hm²,面积减少了 4%。但其中重度荒漠化面积明显减少,共减少了 144 万 hm²,每年减少 7.14 万 hm²,减少率每年 0.9%。中度荒漠化面积共减少 96 万 hm²,每年减少 4.29 万 hm²,减少率每年 0.8%。轻度荒漠化土地面积呈波动上升,共增加 162 万 hm²,每年增加 7.69 万 hm²,增加率每年 1.6%。柴达木盆地非荒漠化土地面积也在逐渐增加,共增加 77 万 hm²,每年增加 3.69 万 hm²,增加率每年 2.8%(图 2.5)。

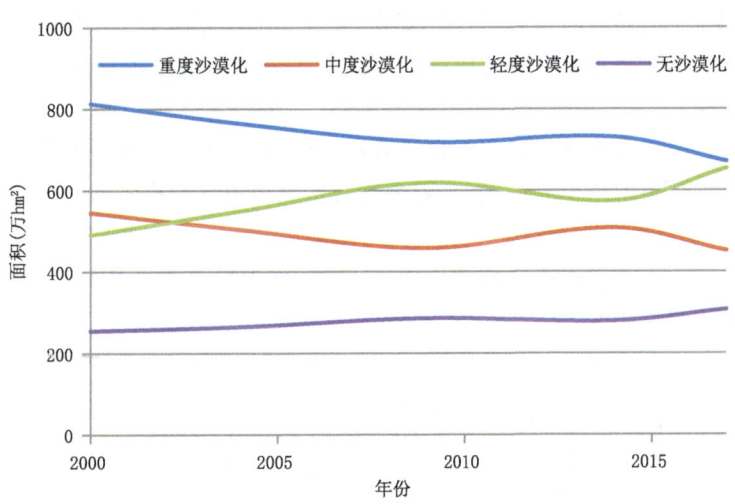

图 2.5　2000—2017 年柴达木盆地荒漠化面积变化

2.1.3　盆地气候转型的范围和可能原因

2.1.3.1　转型标准两种情况

气温、降水、蒸发量、河流径流、湖泊、植被等方面的变化揭示了柴达木盆地气候转型的重要事实。在全球变暖的背景下,水循环加快,降水量和蒸发量均在增加的过程中,降水量与蒸发量平衡的结果,可能会出现以下两种趋势。

第 1 种情况

$$(\Delta P/\Delta T) < (\Delta E/\Delta T) \tag{2.1}$$

降水量的增加(ΔP)小于蒸发量的增加(ΔE),其气候趋于暖干。如西北东部和华北暖干趋势一直延续至今。

第 2 种情况

$$(\Delta P/\Delta T) > (\Delta E/\Delta T) \tag{2.2}$$

降水量的增加(ΔP)、蒸发量的减少(ΔE),其气候趋于暖湿。这种情况出现于 1987 年以来的柴达木盆地中东部地区。

上述两种情况均是理论概念,原因是实际蒸发量包括植物蒸散量的资料不易取得。但降水超过蒸发其平衡结果总流域内水储存量增加(ΔS),如式

$$R = P - E \pm \Delta S \tag{2.3}$$

即径流量和冰川融水量均增加,内陆湖泊水位上升,湖面积扩大,水热平衡进一步变化导致了植被改善或沙漠缩小等事实。这样的事实如在一个时期(如 10 年以上)稳定出现,我们即称之为向暖湿转型。这样的转型可以是年代际的,即历时数十年后又可能转回,也可以发展为世纪级的,即历时百年以上又可能转回。转型的地域范围可以扩大,也可以缩小。

2.1.3.2 转型范围和程度分类

当前,柴达木盆地气候从暖干向暖湿转型可划分为显著转型区、轻度转型区和未转型区 3 类,如图 2.6 所示。

(1)显著转型区:气候监测指标(气温、降水、蒸发、河流径流、湖泊、荒漠化等)6 条或以上且降水量通过 $\alpha=0.10$ 显著性检验的地区。该区主要分布于柴达木盆地东部的德令哈、都兰及乌兰大部分地区。

(2)轻度转型区:降水量增加但通不过显著水平检验,不足以形成地面径流,植被改善速度较慢和沙尘暴日数有相当减少的地区,主要为柴达木盆地中部的格尔木、大柴旦及乌兰东部的部分地区。

(3)未转型区:柴达木盆地西北部的茫崖、冷湖地区,其降水量有所减少、沙尘暴日数增加、为季风降水所不及的干旱区。

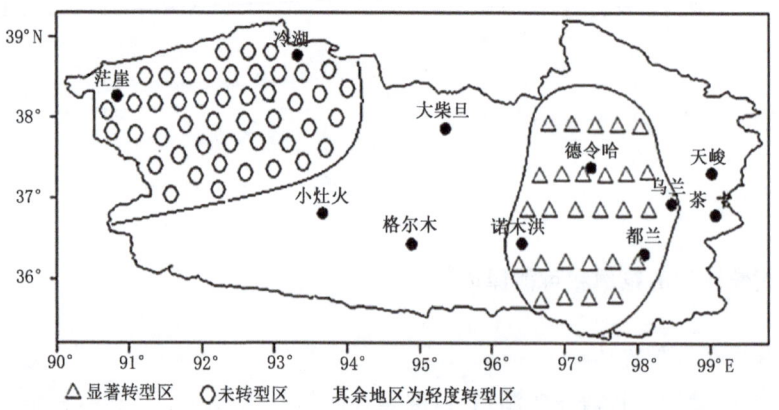

图 2.6 柴达木盆地气候从暖干向暖湿转型范围和程度示意图(戴升,2013)

柴达木盆地显著转型区主要集中在盆地东部,轻度转型区在盆地中部的格尔木、大柴旦及乌兰东部的部分地区,未转型区在盆地西北部的茫崖、冷湖地区,而施雅风等(2000)研究结果为盆地东部、南部为显著转型区,中西部为轻度转型区。这可能与选取站点、资料长度和21世纪初柴达木盆地降水量显著增多有关。

2.1.3.3 气候转型的可能原因

李栋梁等(2003)计算了20世纪80年代中期前、后两个时段1月份500 hPa高度及流场距平,认为20世纪80年代中期以后较之于前期,西北地区西风偏弱,南风偏强,有利于源自印度洋及西太平洋的南方水汽向北输送,而偏弱的西风输送的水汽也在增强,有利于水汽凝结降水,造成降水量增加。姚檀栋等(1996)利用古利雅冰芯$\delta^{18}O$记录所示的近400年来的气候变化得出:百年际气候类型是暖湿和冷干相伴的,降水的变化滞后于温度的变化。可见,随着柴达木盆地气温的不断增加,极有可能导致降水量随之增多的变化趋势。事实上这也是全球升温导致海洋蒸发和陆地上的蒸散加强,促使地气水分循环加快,导致了降水量的增加(施雅风等,2000)。分析地处降水量增多趋势显著的柴达木盆地的比湿得出,1987—2006年比1961—1986年600 hPa和500 hPa比湿差值增加幅度分别为0.05~0.08 g/kg、0.02~0.07 g/kg,柴达木盆地比湿增加幅度大于青海南部和东部农业区。分析柴达木盆地年降水量与邻近柴达木盆地瓦里关的黑碳气溶胶浓度得出,黑碳气溶胶浓度以18 ng/m³速率增加,年降水量与雨季黑碳气溶胶浓度有较好的正相关,雨季黑碳气溶胶浓度增加利于年降水量的增加。

2.1.4 结论

(1)气候要素变化事实表明,柴达木盆地气候呈暖湿化发展趋势。平均气温增温速率为0.49 ℃/10a,降水增加速率为10.3 mm/10a,蒸发平均每10年约减小21.7 mm。2000—2018年盆地内湖泊面积总体呈扩大趋势,盆地荒漠化总面积在缓慢减少。气温上升、降水量增加、蒸发量减少是盆地气候由暖干向暖湿型转化的原因;湖泊面积扩大、荒漠化面积减少,这些气候因素的变化加快了柴达木盆地气候由暖干向暖湿型转化的速度。

(2)柴达木盆地气候从暖干向暖湿转型可划分为3类,1)显著转型区:该区主要分布于柴达木盆地东部的德令哈、都兰及乌兰大部分地区。2)轻度转型区:主要为柴达木盆地中部的格尔木、大柴旦及乌兰东部的部分地区。3)未转型区:即柴达木盆地西北部的茫崖、冷湖地区。

(3)柴达木盆地气候由暖干向暖湿转型可能与大气水汽含量增加、有利的天气形势(500 hPa高度场南风加强,有利于水汽的输送)以及黑碳气溶胶粒子增加有关,也可以认为盆地中东部降水量的增加应是全球显著变暖驱动水循环加剧的部分结果。

2.2 春季旱涝异常特征及其成因

全球气候变暖背景下,干旱事件频发(Dai.,2011)超过一半以上的陆地地区受到不同程度干旱的影响,且气候变化对干旱及半干旱地区影响更加显著(Huang et al.,2008;Ji et al.,2014)。青海地处我国西北地区西部、青藏高原东北隅,气候严寒而干燥,干旱是最主要的气象灾害之一,对于农牧业生产有着十分不利的影响。特别是春季干旱,造成的损失更大,近50年来青海省发生重旱以上的年份,春、夏、秋季分别占12%、6%和6%(汪青春 等,2015)。据统计,海西、海东、海南、黄南的春季降水量占年总降水量的20%~26%,省内其余地区的春季降水量占年总降水量的10%～20%。近50年春季降水偏多16%～46%的年份为9年,降水偏少16%～42%的年份为18年,降水基本正常的年份为23年,在降水出现异常的年份中,异常偏少类占据了优势。1967年春季降水偏多42%,发生了大涝,1995年春季降水偏少46%,发生了大旱,因此对春季旱涝异常的研究具有十分重要的意义,并受到高度重视(马柱国 等,2006)。

2.2.1 数据及方法

所用资料包括:NCEP/NCAR提供的月平均500 hPa高度场、200 hPa纬向风场再分析资料,空间分辨率为2.5°×2.5°。青海省气象信息中心提供的青海省1981—2017年逐月降水资料,并以此计算各站点1981—2017年春季标准化降水指数(SPI);1961—2013年青海省春季各气象站点地面降水、气温等资料,并计算青海省1961—2013年3月1日至4月27日和4月28日至5月20日的降水量、无降水量日数、气温序列资料,分析其序列的变化规律及特征。

采用线性趋势法、Mann-Kendall突变检验、滑动平均和相关分析等统计方法。由于干旱在不同地区具有不同特征,使得表征干旱的指标也必然存在区域适应性问题(张存杰 等,1998;杨世刚 等,2011)。李红梅等(2018)基于青海省多年干旱个例和不同时间尺度的SPI指数、PA指数、K指数和MCI指数,对比评估不同等级干旱出现频率和实际干旱的吻合情况,表明SPI对不同等级干旱的监测能力最强,并且对春旱监测效果最优。因此本节采用SPI和国家标准《GB/T 20481—2007 气象干旱等级》中的MCI来表征气象干旱。

2.2.2 春季干旱特征分析

图2.7为青海省1981—2017年春季不同等级干旱频率分布。可以看出,青海省轻度以上干旱频率在18.9%～40.5%,其中低值区位于海南州南部、黄南州及海北州北部,干旱频率低于25%,高值区位于东部农业区大部、果洛州西部、玉树州南部以及沱沱河,干旱频率高于32%;中度以上干旱频率在8.1%～24.3%,高值区位于东部农业区大部和唐古拉地区,干旱频率超过16%;低值区位于黄南州、海北州大部、海南州东部、果洛州东部和玉树州大部,干旱频率小于13%;重旱以上发生频率为2.7%～13.5%,高值区位于东部农业区和玉树州曲麻莱县,干旱频率超过10%;特旱发生频率低于8.1%,高值区位于海南州、黄南州大部,而青南中部特旱发生频率较低。

图2.8为1981—2017年春季青海省干旱站次比年际变化。可以看出,青海省春季干旱站次比总体呈下降趋势,平均每10年下降4.9%。1981—2017年,发生全域性干旱(干旱站次比超过50%)的年份有7年,其中有5年发生在20世纪90年代,1991—2000年干旱站次比平均值为42.3%,而1981—1990年和2001—2017年干旱站次比平均值分别为28.2%和21.6%。由此可见,20世纪90年代发生全域性干旱的风险明显高于80年代和2000年以后。

通过青海省全区及东部农业区、环青海湖地区、青南牧区春季SPI的年际变化(图略)可以看出,不论是全省平均,还是各功能区,SPI总体呈上升趋势,即青海省总体呈现增湿的特征。这与姚瑶等(2014)、戴升等(2013)的研究结论基本一致。但各地区的增湿幅度存在明显差异,其中增湿幅度最明显的地区为青南牧区,SPI线性倾向率为0.23/10a。

在Mann-Kendall突变检验中,当曲线UF或UB的值大于(小于)0时,表明序列呈上升(下降)趋势,且当曲线UF或UB曲线超过信度线时,则表明序列有显著上升(下降)趋势;若UF和UB曲线相交于信度线之间,则该点为突变点。图2.9为1981—2017年春季青海省不

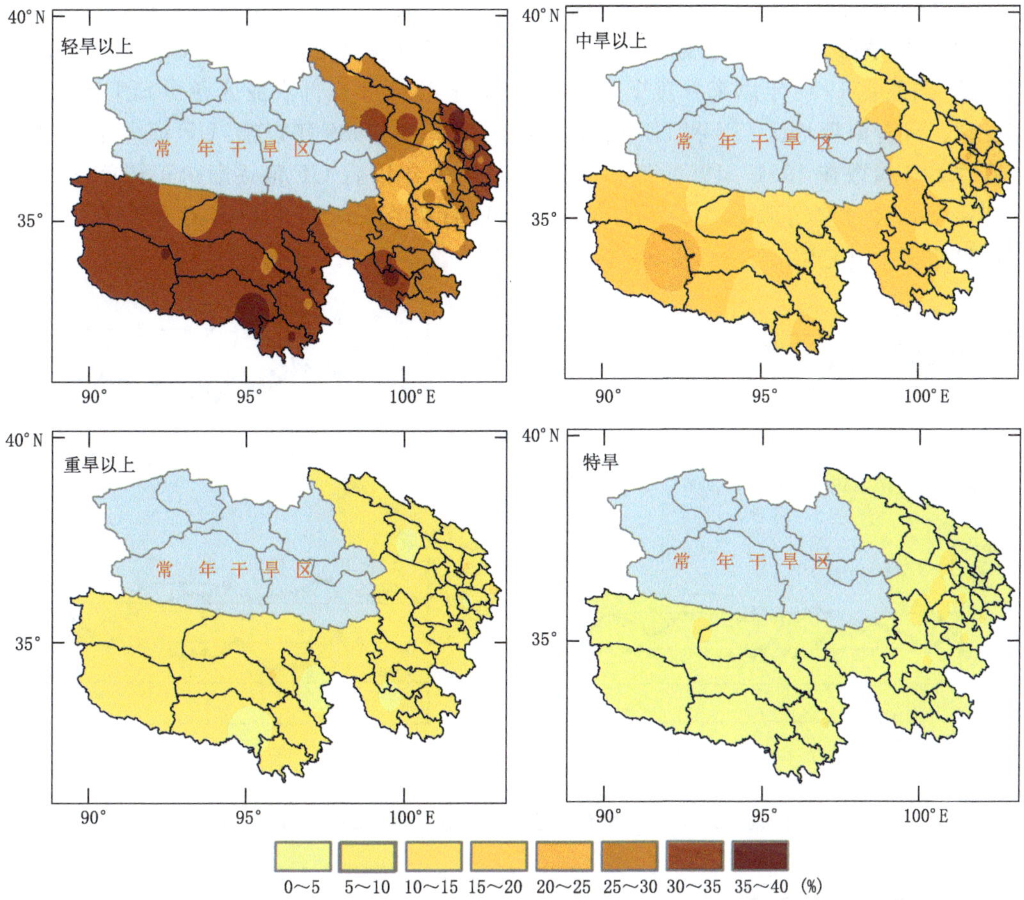

图 2.7 1981—2017 年春季青海省不同等级干旱发生频率空间分布

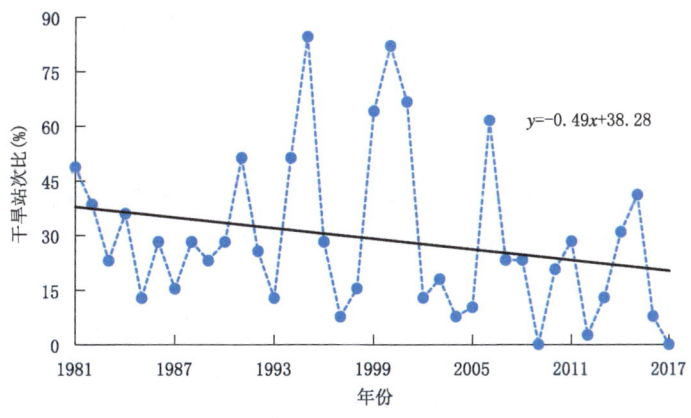

图 2.8 1981—2017 年春季青海省干旱站次比年际变化趋势

同功能区 SPI 指数的 Mann-Kendall 突变检验。可以看出,青海省春季 SPI 指数在 1990 年和 2010 年左右发生突变。由 UF 曲线可以看出,SPI 在 20 世纪 80 年代呈上升趋势,从 90 年代至 2000 年初期,UF 值变化趋势为"正—负—正",期间仅有个别时段 UF 曲线超过信度线,结合 SPI 序列分析,说明青海省春季 SPI 指数在该时段呈波动趋势,处于不稳定状态,而 2010 年以后,SPI 指数序列又呈上升趋势。东部农业区春季 SPI 指数在 1982—1994 年呈上升趋势；UF 和 UB 曲线在 1994 年以来一直交叉,表明 1994—2017 年东部农业区春季 SPI 指数呈现不稳定变化。环青海湖地区 UF 和 UB 曲线相交于 1989 年,1989 年以前,UF 值大于 0,表明该地区春季 SPI 指数在 1981—1989 年呈上升趋势,1989 年以后 UF 值逐渐由正转负,表明该指数序列在 1989 以后有下降趋势；青南牧区春季 SPI 序列在 1981—2011 年存在下降趋势,2011 年以后呈明显上升趋势,突变年份为 2011 年。

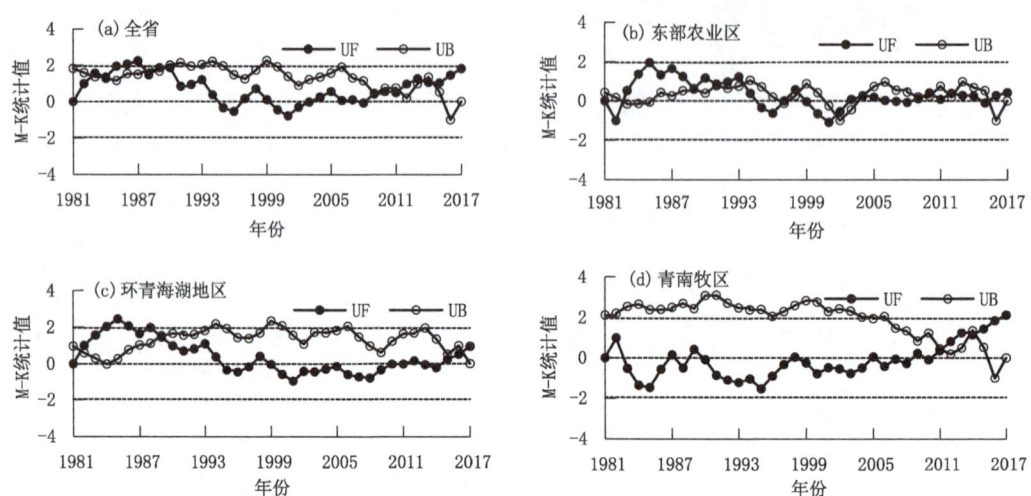

图 2.9 1981—2017 年春季不同区域 SPI 指数的 Mann-Kendall 突变检验

2.2.3 旱涝发生时的环流异常

干旱的发展具有一定的积累过程,影响区域较大,属于一种中长期的气候行为。前期及同期环流形势的维持与演变对干旱有十分重要影响。通过分析青海省春季旱涝异常对应的环流背景场特征,将有利于更加清楚地认识青海省春季干旱发生的环流成因,能够为干旱预测预警提供新的思路。

2.2.3.1 旱涝年的大气环流异常特征

图 2.10 为 1981—2017 年春季 500 hPa 高度场分别与全省、东部农业区、环青海湖地区和青南牧区平均 SPI 的相关系数分布。从图 2.10 可以看到,春季全省 SPI 与 500 hPa 高度场的相关分布与东部农业区、环青海湖地区 SPI 与 500 hPa 高度场的相关分布十分相似：在欧洲西部、东亚及低纬度阿拉伯海附近为显著正相关关系,而乌拉尔山地区为负相关关系。也就是说,当东部农业区和环青海湖地区 SPI 指数偏大时(偏涝年),欧亚中高纬地区自西向东呈"正—负—正"分布,极涡偏强、东亚大槽偏浅,这种分布说明,欧亚中高纬地区容易出现乌拉尔山和鄂霍茨克槽(或低压)以及贝加尔湖东部脊(或高压)；低纬度地区,阿拉伯海附近高度场容易偏高,青藏高原位势高度场相对偏低,中国东部高度场明显高于高原地区,形成"西低东高"的配置。这种配置容易使北方冷空气沿偏西北路径进入高原地区,并与南方暖湿空气配合,产生大量降水,形成全省偏涝的局面,偏旱年则相反。

青南牧区春季 SPI 与 500 hPa 高度场的相关分布与其他两个功能区存在一定的差异：中

高纬来看,乌拉尔山附近负相关区较东部农业区和环青海湖地区偏小,西欧及东亚的正相关区位置也有所偏移;低纬度阿拉伯海附近的正相关区不明显,其北部地区为弱负相关区。当青南牧区 SPI 指数偏大时(偏涝年),欧亚中高纬地区自西向东同样呈"正—负—正"分布,但是极涡偏弱,欧亚中高纬地区容易出现乌拉尔山和贝加尔湖东部槽(或低压),巴尔喀什湖至贝加尔湖地区和鄂霍茨克脊(或高压);低纬度地区,阿拉伯海附近高度场容易偏低,青藏高原及其以南地区位势高度场相对偏低。中国东部高度场明显高于高原地区,同样形成了"西低东高"的配置。

综上所述,影响青海北部地区(东部农业区和环青海湖地区)和南部地区旱涝分布的 500 hPa 环流系统和配置总体分布一致,偏涝(旱)年欧亚中高纬总体呈"正—负—正"分布("负—正—负"分布),中国大部形成西低东高(西高东低)的配置;区别在于,中高纬度极涡强弱对青海北部旱涝分布的影响较为明显,而中低纬度西亚槽对青海南部旱涝形势的影响较大。

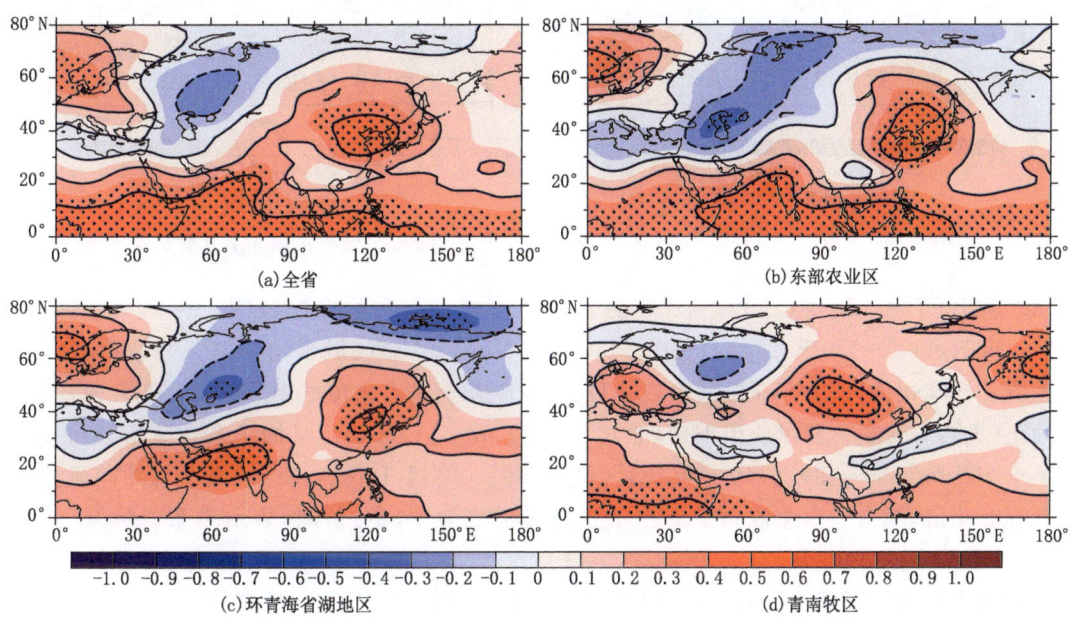

图 2.10 1981—2017 年春季青海省不同区域 SPI 与 500 hPa 高度场相关系数分布
(黑点区表示通过 0.05 的显著性检验,以下相同)

2.2.3.2 前期高空急流的影响

研究表明,西北地区春旱与前一年冬季副热带西风急流的位置存在显著的关系。图 2.11 为 1981—2017 年春季青海省不同功能区 SPI 与前冬 200 hPa 纬向风场的相关系数分布,用以分析前冬副热带西风急流位置对青海省春季旱涝分布的影响。从图 2.11 可以看出,青海省春季 SPI 指数与副热带西风急流的两个中心(位于阿拉伯半岛附近的中东急流和日本岛附近的东亚急流)及其入口区和出口区存在显著的相关关系。全省来看,在中东急流出口区北侧和东亚急流中心北侧正相关显著;东部农业区在中东急流出口区北侧和东亚急流中心南侧正相关显著,而在东亚急流中心偏北处负相关显著;环青海湖地区在中东急流出口区北侧至东亚急流入口区北侧附近正相关显著;青南牧区在东亚急流中心北侧正相关显著,而在东亚急流中心及其南侧负相关显著。

为进一步分析中东急流和东亚急流位置与青海省春季不同功能区旱涝分布的关系,利用

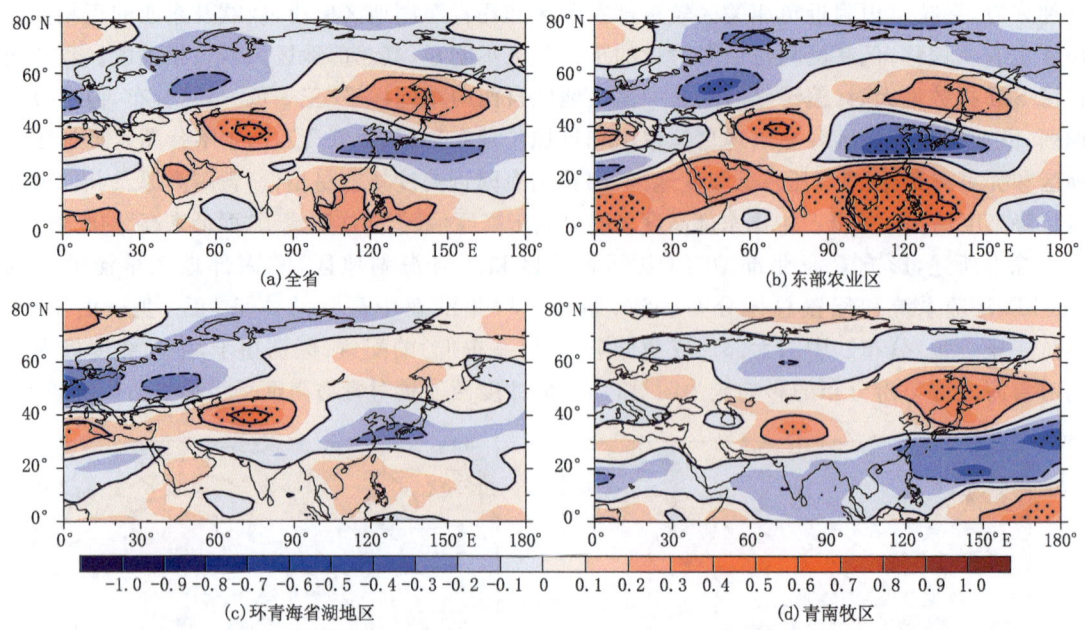

图 2.11 1981—2017 年春季不同区域 SPI 与前冬 200 hPa 纬向风场相关系数分布

Liang 等(1998)和 Lin 等(2005)定义东亚高空急流位置指数的办法,将前一年冬季 200 hPa (20°~30°N,110°~130°E)区域与(40°~50°N,110°~130°E)区域平均纬向风相减(南减北),然后取其标准化值,即为东亚急流指数,以此来反映东亚高空急流的南北移动。东亚急流指数值为正(负),表明东亚西风急流偏南(北)。采用 Yang 等(2004)定义的中东急流指数,将前一年冬季 200 hPa(20°~30°N,40°~70°E)区域与(30°~40°N,15°~45°E)区域平均纬向风相减,取其标准化值,即为中东急流指数。当中东急流指数为正(负)值时,表示中东急流强度偏强(弱)、位置偏东南(西北)。

滑动平均相当于低通滤波器,经过滑动平均后,序列中短于滑动长度的周期大大削弱,显现出变化趋势。图 2.12 为 1983—2015 年青海省各功能区 SPI 指数和副热带西风急流指数 5 年滑动平均的年际变化。从图 2.12 可以看出,青海省春季 SPI 指数与前冬副热带西风急流总体呈现明显的负相关关系。从 1988 年开始,副热带西风急流(包括中东急流和东亚急流)位置整体呈现偏南的趋势,中东急流指数和东亚急流指数为正,尤其是中东急流指数,在 1990—1992 年达到最大,其值 5 年滑动平均指数大于 1.0,而与此同时,青海省总体处于相对干旱时段,各区域 SPI 指数呈现负值;1999—2003 年,二者均处于过渡时段,负相关关系并不显著;2003 年以后,副热带西风急流位置整体呈现偏北的趋势,中东急流和东亚急流均为负值,此时青海省整体处于非旱时段,SPI 指数为正。

全省春季 SPI 指数与前期中东急流指数间的负相关性显著,相关系数为 -0.514,通过 $\alpha=0.05$ 的显著性检验;与东亚急流之间的相关性相对较弱,相关系数为 -0.332。分区域来看,东部农业区春季 SPI 指数与前期中东急流指数间的相关系数为 -0.363,且通过 $\alpha=0.05$ 的显著性检验,而与东亚急流指数间的负相关性不明显,相关系数为 -0.080;环青海湖地区春季 SPI 指数与前期副热带高空急流的关系与东部农业区类似:与中东急流指数的负相关性显著(相关系数为 -0.403),而与东亚急流指数的相关性不明显;青南牧区春季 SPI 指数与前期副热带高空急流的关系在几个区域中最显著,与中东急流和东亚急流的相关系数分别为 —0.443和—0.434,且相关系数均通过 $\alpha=0.01$ 显著性检验。综上所述,冬季副热带西风急流位置偏南,预示着青海省次年春季将会遭遇干旱,尤其是青南牧区,这种可能性更大。

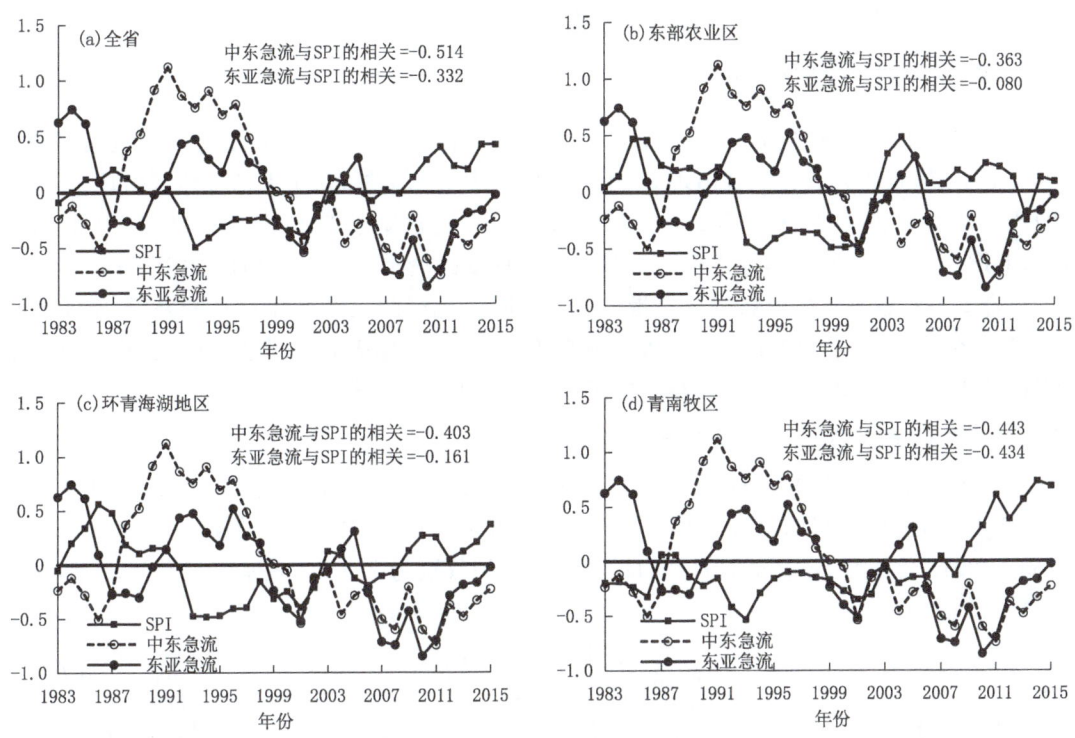

图 2.12　1983—2015 年春季青海省不同区域 SPI 与前一年冬季副热带西风急流指数 5 年滑动平均年际变化

图 2.13 为 1981—2017 年春季 500 hPa 高度场与前冬东亚急流(a)、中东急流(b)指数的相关系数分布。从图 2.13 可以看出,东亚急流指数对欧亚 500 hPa 环流场影响较高的地区位于欧洲东北部(正相关,相关系数大于 0.3)和土耳其至伊朗地区(负相关,相关系数小于—0.3),低纬地区总体呈显著的正相关关系;中东急流指数对欧亚 500 hPa 环流场影响较高的地区与东亚急流相比,位于欧洲东北部及其周边地区的正相关性更加显著,且位置偏东,位于土耳其至伊朗地区的负相关区面积更大,而低纬地区的正相关区面积更小,相关度性更低。总

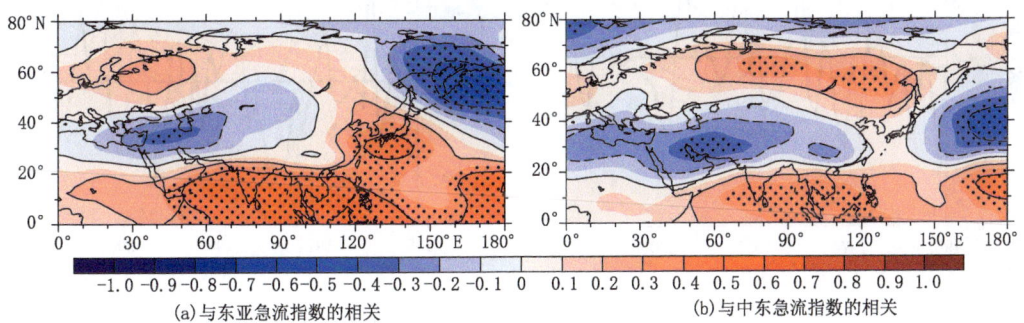

图 2.13　1981—2017 年春季 500 hPa 高度场与前冬东亚急流、中东急流指数的相关系数分布

体上,副热带高空急流指数偏南的年份,欧亚中高纬自西向东易呈现"正—负—正"的分布形势(但正负距平中心位置与青海春季偏涝年明显存在较大偏差),东欧地区自北向南易呈"正—负—正"分布。此种配置不利于北方冷空气南下,同时也不利于南部水汽输送(印缅槽偏弱),青海尤其是青南地区降水容易偏少,出现干旱形势。

2.2.4 春季旱涝急转特征及成因分析

2013年3月1日至4月27日青海大部分地区降水偏少、气温偏高,出现了大范围不同程度的气象干旱,海北大部分地区出现50年一遇的特大气象干旱,西宁大部分地区出现25年一遇的严重气象干旱;4月28日至5月20日青海大部分地区降水偏多,气温偏高幅度开始逐步减小,前期的干旱得到缓解,并出现了大范围不同程度的渍涝,旱涝急转的台站达21个。

结合青海省春季气象资料以及旱涝急转期间欧亚地区的大气环流存在的差异,本小节以2013年春季为例,着重分析青海省春季降水前期偏少、后期偏多和旱涝急转的规律,了解其变化规律及成因,以期更有效地做好春季旱涝预测和气象服务工作。

2.2.4.1 2013年旱涝期间的气候异常特征

2013年3月1日至4月27日,青海省平均气温为2.4 ℃,较常年偏高1.8 ℃,列历史第一位(图2.14a),与历史同期比较,除玉树较常年偏低0.5 ℃外,其余各地偏高0.3~3.5 ℃(图2.15a)。2013年4月28日至5月20日,青海省平均气温为7.4 ℃,较常年偏高0.3 ℃,偏高

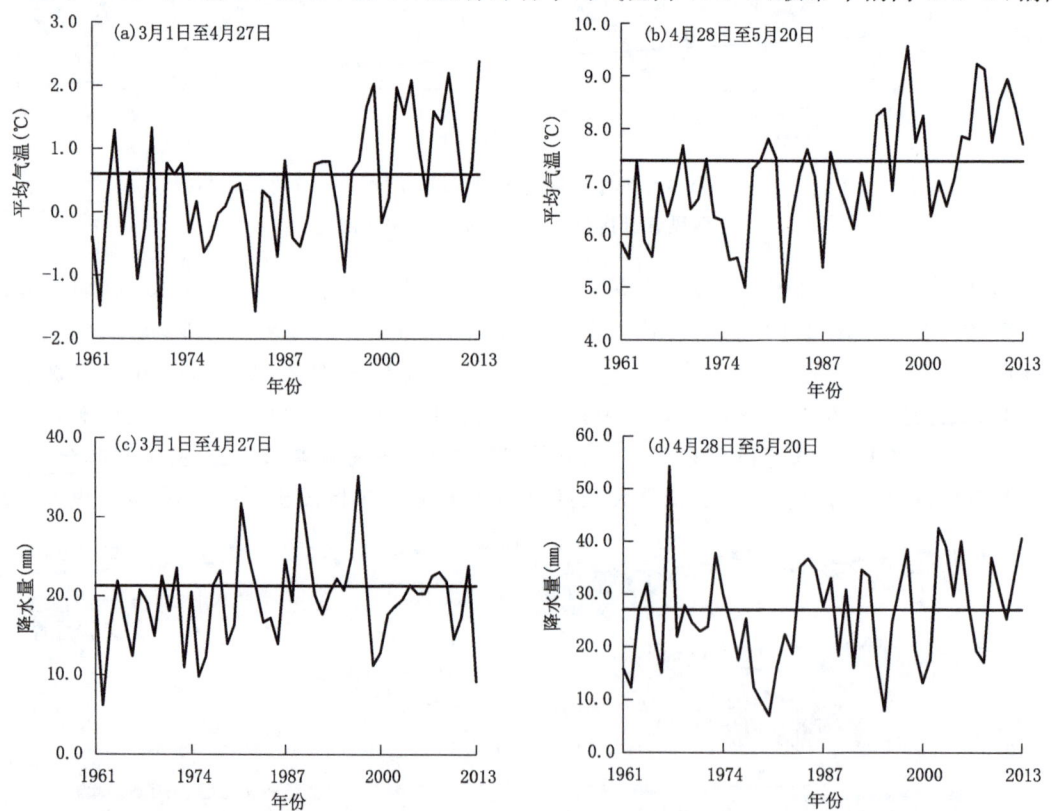

图2.14 1961—2013年3月1日至4月27日、4月28日至5月20日平均气温(a、b)和降水(c、d)的年际变化

幅度与1969年一致(图2.14b),与历史相比,海西东部、海南、果洛和玉树南部偏低0.1~1.1 ℃,其他地区偏高0.1~3.7 ℃(图2.15b)。

2013年3月1日至4月27日,青海省平均降水量为9.2 mm,较常年偏少57%,稍多于1962年(图2.14c),偏少幅度排历史第2位,青海省各地降水量除青南西部偏多20%~100%外,青海省其余大部偏少20%以上(图2.15c)。2013年4月28日至5月20日,青海省平均降水量为40.7 mm,较常年偏多50%,比极端的1967年偏小(图2.14d),列历史第2位,各地降水量除囊谦、结古、循化、民和、共和、刚察、祁连、大柴旦、冷湖、茫崖偏少10%~100%外,其余地区偏多10%~700%(图2.15d)。

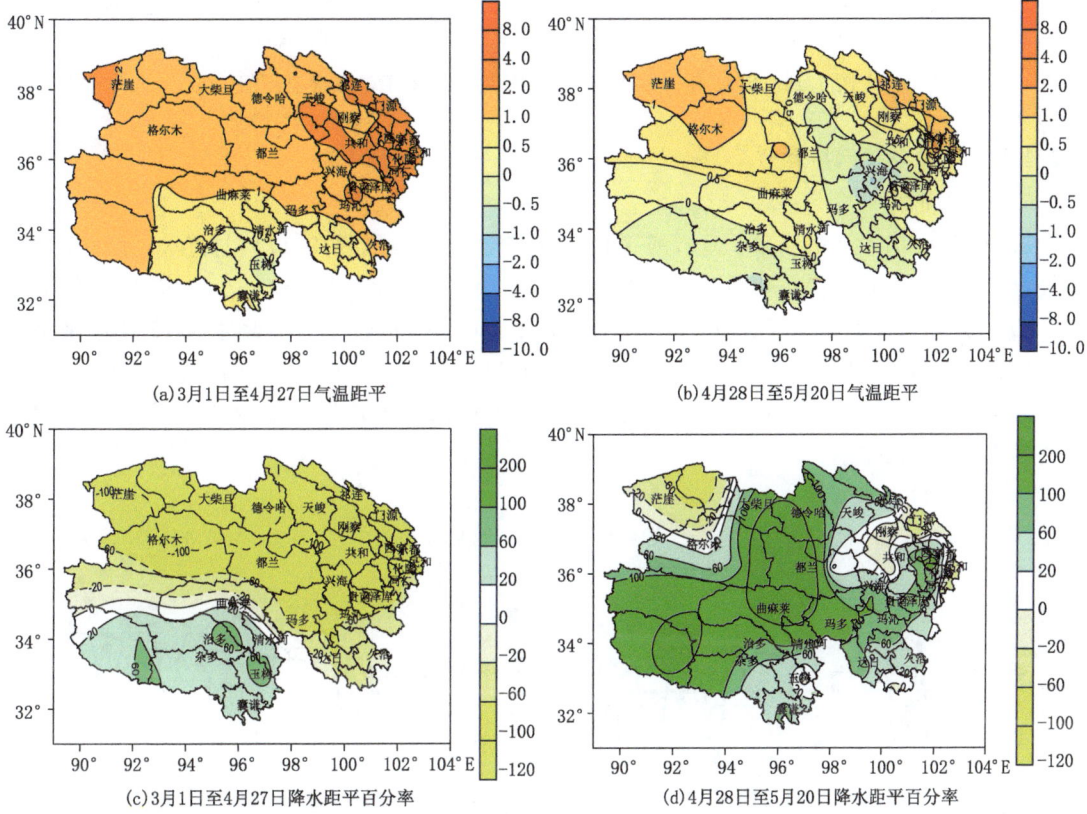

图2.15 2013年3月1日至4月27日、4月28日至5月20日平均气温距平(a,b)和降水距平百分率(c,d),气温距平(单位:℃),降水距平百分率(单位:%)分布

2013年3月1日至4月27日,受降水异常偏少影响,青海省气象干旱不断发展。从1961年以来同期降水距平百分率的年际变化看,海北大部降水量列历史同期最少而达到50年一遇的特大气象干旱,西宁大部降水量列历史同期第1少或第2少而达到25年一遇的严重气象干旱,青海省特度、重度气象干旱面积一度居全国第1位(图2.16)。

从2013年3月1日至4月27日和2013年4月28日至5月20日青海各地的降水演变特征看,柴达木盆地东部和南部、环青海湖、果洛和黄河上游大部、东部农业区大部出现了旱涝急转的现象(图2.16)。

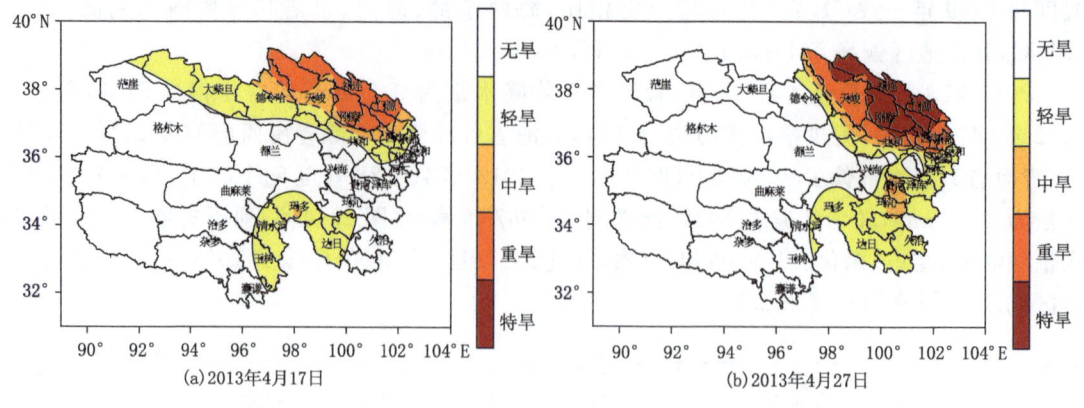

图 2.16　2013 年 4 月 17 日和 4 月 27 日气象干旱综合监测图

2.2.4.2　旱涝急转成因分析

(1) 气候背景

从 1971—2012 年 4 月和 5 月青海平均降水变化曲线看出(图 2.17)，与近 30 年气候均值比较，4 月、5 月降水年代变化分别呈"少—多—少—少—多"和"少—多—少—多—多"的演变型。1971 年以来 4 月降水呈减少趋势，每 10 年减少 0.089 mm，而 5 月降水 1971 年以来呈增加趋势，每 10 年增加 3.349 mm，这种增加趋势通过了 $\alpha=0.05$ 的显著性检验。2013 年 4 月降水偏少、5 月降水偏多的气候状况，仍然处在 1971 年以来 4 月降水偏少、5 月降水明显偏多的气候大背景之下。

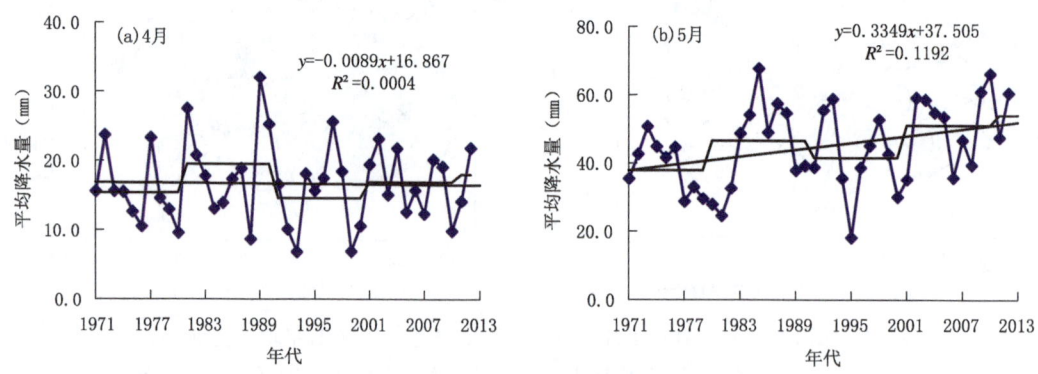

图 2.17　1971—2012 年 4 月和 5 月青海平均降水变化曲线

(2) 高原加热场的影响

2013 年 1—3 月青藏高原地面加热场强度指数分别为 15.5 W/m²、21.0 W/m² 和 32.6 W/m²，3 月强度指数比 2008 年(32.7 W/m²)稍弱，排列历史第 2 位。青藏高原的热力和机械强迫对北半球大气环流和天气气候有重要影响已是众所周知的事实。早在 20 世纪 50 年代，Yeh(1950)就指出亚洲东部地区季节转换具有突发的特点，并强调这与高原的直接影响有关。Wu 等(1998)、陈隆勋等(2001)则把高原自春季开始增强的地面加热与亚洲季风爆发联系起来，认为高原持续的感热加热以平流方式导致高原东部升温，低层气旋向高原东部的辐合为亚洲夏季风最早在孟加拉湾东北部爆发提供了有利的背景条件。赵平等(2001)、李栋梁

(2006)用经过改进的CCMI动力气候模式研究了堆积高原上空大气热源汇异常对太平洋纬向异常的影响,模拟实验发现:当高原1—3月大气冷源异常减弱时,首先在低层出现一个围绕高原的异常气旋,随后在西太平洋出现异常的反气旋,并向西南移动,引起赤道太平洋地区的异常东风,并且向东传播;当青藏高原1—3月大气冷源加强时,在对流层抵层出现围绕高原的异常反气旋,随后的月份在中国大陆沿海出现异常的北风,西太平洋出现异常气旋。

2013年我国华南3月28日进入汛期,比多年平均偏早9 d,华南、江南西南部降水量较常年同期偏多20%至1倍,其中华南平均降水量为近13年来最多。南海夏季风5月第2候爆发,比多年平均提前2候。从南海夏季风长期的监测数据来看,自1994年开始处在年代际爆发时间偏早的背景下,即爆发时间一直早于多年平均,这可能与大气环流季节进程的提早有关。研究还表明,南极涛动偏强有利于索马里越赤道气流强度加强,也会使得南海夏季风提前爆发。而南极涛动从2012年冬天开始一直到2013年5月都处于偏强的状态,这给南海夏季风提前爆发提供了充足的动力。从热带海洋的海温监测数据来看,2013年5月赤道中东太平洋海温偏冷并不是很典型,但是西太平洋地区的对流活动偏强并较为活跃,有利于南海夏季风的爆发偏早。

统计得出,2013年稳定通过10 ℃的出现日期青南大部、环青海湖局部地区及天峻等地较常年提前40 d以上,唐古拉较常年值提前60 d,其他地区较常年值提前20 d左右。可以看出,青海高原2013年春—夏的过渡时间比常年偏早。5月13日东亚季风加强,5月14日印度季风加强,5月16日热带风暴"马哈森"在孟加拉国南部沿海地带登陆。5月第2~3候青海东部5个站出现大雨、11个站出现中—大雨。5月上旬青海中东部地区出现旱涝急转现象,这与前期1—3月高原加热场偏强和4—5月高原地区大气环流异常的演变以及春夏季过渡时间提前有关。

(3)中高纬大气环流的影响

1)中、西亚地区的大气环流

从2013年3月1日至4月27日(图2.18a)、4月28日至5月20日(图2.18b)对流层中部500 hPa高度环流场的分布图看出,青海偏旱期间,欧亚中高纬度为两槽一脊型分布,低压槽分别位于欧洲东部和东北亚地区,高压脊位于中亚和西亚地区,低值中心位于东北亚地区。偏涝期间,欧亚中高纬度为两脊一槽型分布,高压脊分别位于欧洲中部和东亚地区,低压槽位于中亚和西亚地区,低值中心在乌拉尔山东侧的西亚地区,同时青藏高原也为负距平控制。

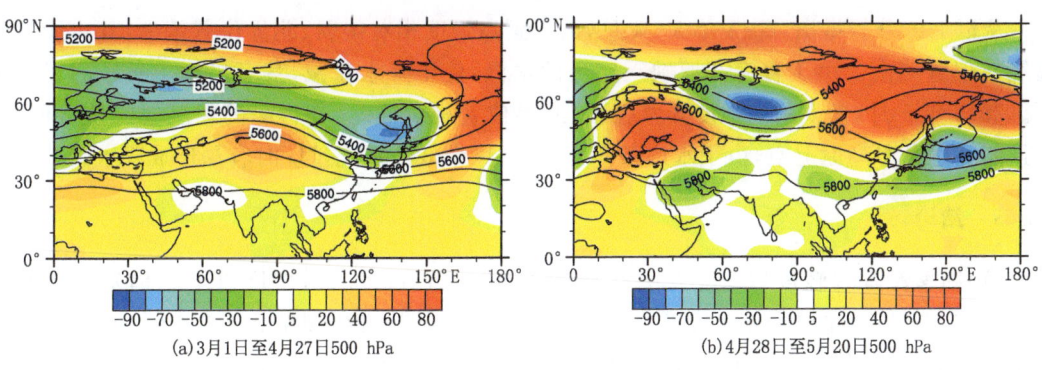

图2.18 2013年3月1日至4月27日与4月28日至5月20日 500 hPa高度环流距平场高度距平(单位:gpm)分布

2013年3月1日至4月27日、4月28日至5月20日对流层顶部表现出青海偏旱期间中亚、西亚地区为高压脊控制,低值中心在东北亚地区。偏涝期间中亚、西亚地区为低压槽控制,低值中心在乌拉尔山东侧的特征,而对流层底部在青海偏旱期间,青藏高原处在中亚和西亚高压脊的控制下,盛行下沉气流,晴天多、降水少。偏涝期间,中亚、西亚和青藏高原形成阶梯槽,新地岛地区的冷空气向南扩散,青海大部为低压槽控制、气流辐合强,低值系统活动多、降水量大。

从上述分析得出,青海旱涝急转期间,中亚和西亚对流层的大气环流存在较大的差异,当高压脊长时间维持时,青海降水少、容易发生干旱,相反,当低压槽长时间持续时,青海降水多、容易出现渍涝。

2)极涡大小和极地冷空气扩散路径

2013年3月1日至4月27日极涡面积比历史同期偏大(图略),北半球冷空气主要在欧洲北部和东亚地区活动,进入中国的冷空气东路势力强劲,我国东北地区出现多雨、低温,而从西路进入中国的冷空气势力相对较弱,西北地区中、东部出现少雨和干旱(图2.18a)。4月28日至5月20日极涡面积比历史同期偏小(图略),北半球冷空气主要在欧洲东部和亚洲西部地区活动,进入中国的冷空气西路势力强劲,中国西北中东部地区转为多雨、干旱得到明显的缓解,相反,从东路进入中国的冷空气势力相对较弱,东北地区降水明显减少、出现干旱(图2.18b)。

3)高原高度场和东亚槽位置

2013年3月1日至4月27日高原位势高度值比历史同期偏大,东亚槽位置比历史同期偏西(图略)。东亚槽位置偏西(136°E),新疆脊发展、西移与高原西侧的长波脊合并,青海高原处在宽广的长波脊控制下,高原位势高度偏高,盛行下沉气流,晴朗天气多、降水少(图2.15c)。4月28日至5月20日高原位势高度值比历史同期偏小(图略),东亚槽位置比历史同期偏东。东亚槽位置偏东(155°E),高原西侧被长波槽取代,新疆脊减弱,高原位势高度偏低,盛行辐合的上升气流,高原西侧的低值系统经过高原时,形成的上升运动强烈、降水量相对较大。

4)西太副高的强度和位置

从西太副高的月际变化曲线看,2013年3—5月的面积(图2.19a)、强度(图2.19b)均比1981—2010年的气候平均值偏大,其中,5月偏大幅度更大。2013年春季各月西伸脊点位置与1981—2010年的气候平均值相比均偏小(图2.19c),说明位置偏西,其中3月位置最偏西。2013年3—5月脊线位置与1981—2010年的气候平均值相比(图2.19d),3月接近30年的平均位置,4月和5月偏南,其中4月位置最偏南。

从以上的分析得出,2013年3—4月,西太副高强度相对偏弱、北界位置偏南,其边缘的暖湿气流位置偏南。由于青海高原缺乏充足的水汽,使得降水锐减,甚至出现了极端的干旱事件。2013年5月,西太副高强度异常偏强、北界位置相对偏北,其边缘的暖湿气流位置偏北,并且能到达青海高原上空,由于水汽条件充足,西风带低值系统过境时容易形成降水。

2.2.5 结论

(1)春季青海省轻度以上干旱发生频率在18.9%~40.5%,中度以上干旱发生频率在8.1%~24.3%,重旱以上发生频率在2.7%~13.5%;特旱发生频率低于8.1%。各功能区总体呈现增湿特征,其中增湿幅度最明显的地区为青南牧区,SPI线性倾向率为0.23/10a。

(2)偏涝年,欧亚中高纬500 hPa高度距平总体呈"正—负—正"分布形势,中国大部形成西低东高的配置。若极涡面积偏小、中亚和西亚低压槽维持时间长、冷空气主要在欧洲东部和

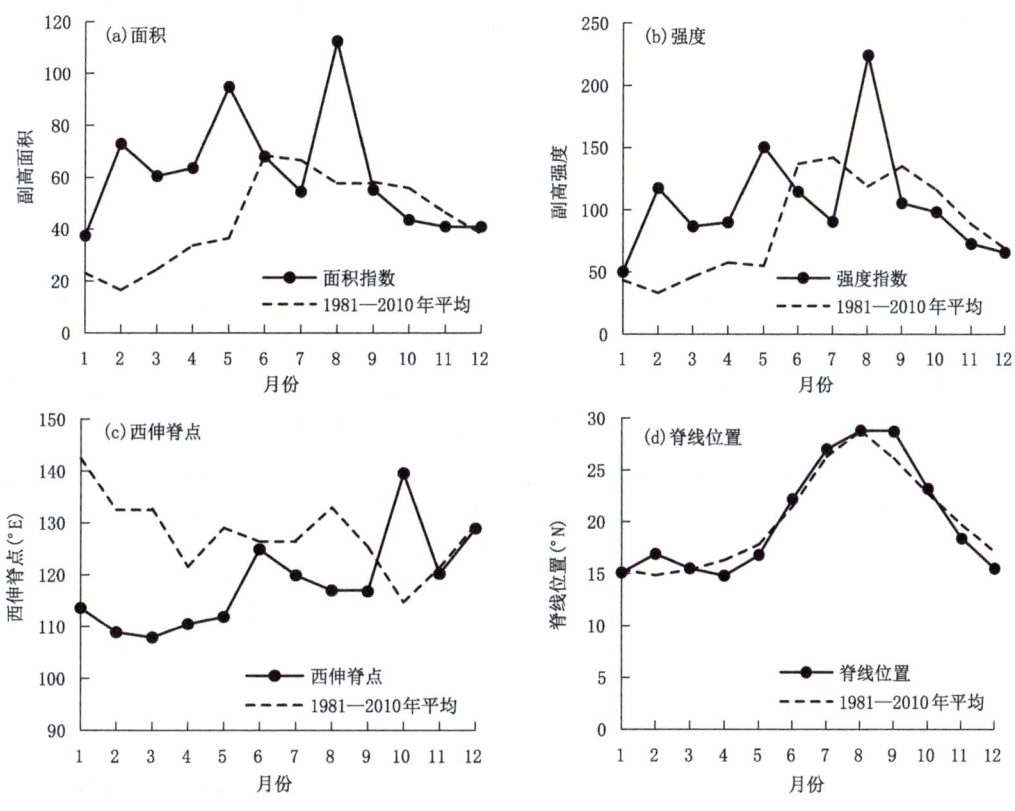

图2.19 2013年西太副高面积、强度、西伸脊点位置和脊线位置的月际变化趋势

亚洲西部地区堆积、进入中国的冷空气路径偏西、高原位势高度场偏低、东亚槽位置偏东、西太副高北界位置偏北时,青海降水偏多、容易出现渍涝;在相反的环流形势下,青海降水偏少、容易发生干旱。

(3)1971年以来青海省处于4月降水偏少、5月降水明显偏多的大的气候背景之下。2013年5月上旬青海中东部地区出现旱涝急转现象,这与前期1—3月高原加热场偏强和4—5月高原地区大气环流异常的演变以及春夏季过渡时间提前有关。青海旱涝急转期间,欧亚地区的大气环流存在较大的差异。

2.3 夏季旱涝异常特征及其成因

青海省处于青藏高原的东北缘,它是世界上面积最大、高度最高、地形最复杂的高原(温克刚,2007)。近年来由于全球气候异常变化,各类极端天气气候事件频发,该区域夏季(6—8月)频繁出现旱涝异常,造成了非常严重的经济损失,因此对于旱涝异常的成因以及预测研究显得尤为重要。

影响青海省夏季降水异常的因子有很多,其中各种环流的异常配合也占有一定的比例,通过对青海省夏季气候预测业务的总结,发现在众多因子中,对影响青海省夏季降水颇大的西太副高以及在西太副高东西振荡过程中相关甚密的南亚高压是影响青海省夏季降水的最主要因子。因此,本节在分析典型旱涝年环流特征的基础上,着重找寻南亚高压与西太副高不同匹配类型对青海省夏季降水空间分布型的影响,为今后青海省夏季气候预测业务提供技术支撑。

2.3.1 数据及方法

考虑到夏季降水空间分布不均,为了较好地甄别该地区区域旱涝,在分析总体降水情况时,本节采用中国气象局国家气候中心气候预测室的区域降水指数 γ(赵振国,1999)。方法如下:

$$\gamma = \left[\frac{1}{n}\sum_{i=1}^{m}\frac{R_i}{\bar{R_i}} + \frac{n^+}{n}\right] \times 100\% \tag{2.4}$$

式中,n 为测站数,R_i 为该站某年 6—8 月总降水量,R_i 平均为该站 6—8 月降水量多年平均值,i 为测站序号($i=1,2,3,\cdots,m$),n^+ 表示 n 个测站中降水量距平 $\Delta R \geq 0$ 的站数。

该方法使得各站点降水距平在指数中均有所反映,同时考虑了正(负)距平站数在总站数中的比例,能够刻画区域整体降水多寡,γ 正常值为 150,γ 值越大表示区域降水越多,划分为涝年;相反 γ 值越小表示区域降水越少,划分为旱年。采用高于(低于)平均值 0.8 倍标准差来挑选典型 γ 大值(小值)年份,定义为涝(旱)年,分出 10 个涝年与 12 个旱年(表 2.1)。

表 2.1 青海省典型旱涝年

涝年		旱年	
年份	γ 值(%)	年份	γ 值(%)
1967	225.46	1962	98.43
1976	180.50	1965	90.01
1979	193.32	1966	102.09
1981	195.57	1968	101.41
1989	219.72	1969	104.79
1999	183.20	1977	100.75
2005	184.44	1984	111.63
2007	199.40	1990	105.91
2012	212.82	1995	110.54
2018	235.20	2000	95.19
		2001	90.29
		2002	100.72
γ 平均值(%)		147.75	
γ 标准值(%)		150.00	

2.3.2 夏季降水的时空变化特征

从 1961—2018 年夏季青海省区域降水指数 γ 的逐年变化整体来看(图 2.20),1961—2018 年 γ 指数变化趋势不明显,但其平均值低于正常值 150,也就是说在近 60 年间,青海省整体降水相对偏少,且整体趋势由旱年居多转变为多涝年。将典型旱涝年进行年代际划分,比较 6 个年代际变化:20 世纪 60 年代异常年最多,γ 值偏小年最多,微弱减小趋势,1 年涝 5 年旱;70 年代旱涝年相当,γ 值微弱增大趋势,2 年涝 1 年旱;80 年代旱涝年同 70 年代,呈减小趋势;90 年代 1 年涝 2 年旱;21 世纪前 10 年 2 年涝 3 年旱,呈显著增大趋势,1961—2018 年最旱年出现于 2001 年，γ 值仅为 87.92％；2010 年代异常年最少，呈明显减小趋势，无旱年 2 年涝，1961—2018 年最涝年出现于 2018 年，γ 值高达 235.20％。

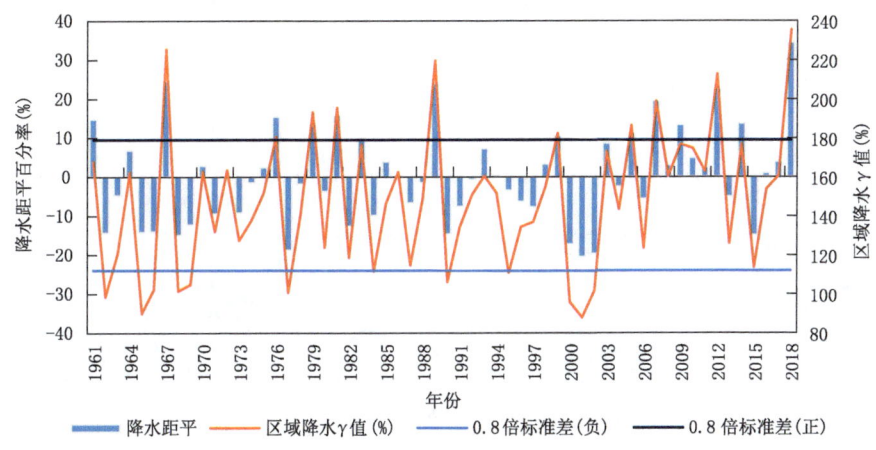

图 2.20　1961—2018 年青海省夏季降水距平百分率及区域降水 γ 值变化趋势

将挑出的青海省典型旱涝年分别做 100 hPa 和 500 hPa 高度距平场合成，在 100 hPa 高度距平场合成图中，南亚高压在青海省上空涝年呈现弱的负距平分布，旱年则呈弱的正距平分布；在 500 hPa 高度距平场合成图中，西太副高在青海省上空涝年呈明显正距平分布，旱年则呈现明显负距平分布。对典型旱涝年 100 hPa、500 hPa 高度场做相关合成信度检验，皆为正距平控制，且通过高信度检验（图 2.21）。

2.3.3　旱涝年异常特征分析

2.3.3.1　环流特征分析

图 2.22a 为夏季典型干旱年 500 hPa 高度距平合成图，500 hPa 欧亚中高纬度上空高度距平分布为负距平，北极地区为正距平控制，极涡偏弱。欧洲北部、贝加尔湖为正距平中心，分别为 40 gpm、30 gpm，青藏高原上由弱的正距平控制。有关研究结果也表明：初夏鄂霍次克海高压的维持使我国长江流域梅雨带稳定，出现大范围的洪涝，夏季贝加尔湖阻塞高压的维持往往使华北、西北地区产生持续干旱（毕慕莹 等，1992）。在这种形势控制下，其一暖高压脊控制的地区持续下沉气流，使得强烈的太阳辐射长时间作用于地面，积累了大量的热能，从而使气温居高不下，干旱持续发展；其二冷空气活动路径在 45°N 以北，对青海非干旱区影响不大。其三切断了孟加拉湾及西太副高南部向北输送的水汽通道（戴升 等，2007）。非干旱年（图 2.22b），极涡偏强，中心偏向亚洲北部。与之对应的 500 hPa 图上，极涡偏向东半球，中东高压东伸脊线在 61°E 附近，西太副高西伸脊线在 116°E 附近，85°～105°E，35°～55°N 有低压槽活动，印缅低压槽十分活跃。

7 月北半球 500 hPa 高度场遥相关联系主要分布于西半球的中、高纬度，且控制范围较小，夏季与冬季相比，夏季西大西洋型（WA）向北收缩 10 个纬度，并由冬季南北方向转为略带西北—东南的方向，这可能与夏季西风带向北收缩有关。西太平洋（WP）的正指数则以弱的阿留申低压（特别是在日期线以西的经度）及日本上空弱的西风急流为特征。对应于正 WP

(a)涝年—100 hPa (b)涝年—500 hPa

(c)旱年—100 hPa (d)旱年—500 hPa

(e)100 hPa高度距平场合成信度检验 (f)500 hPa高度距平场合成信度检验

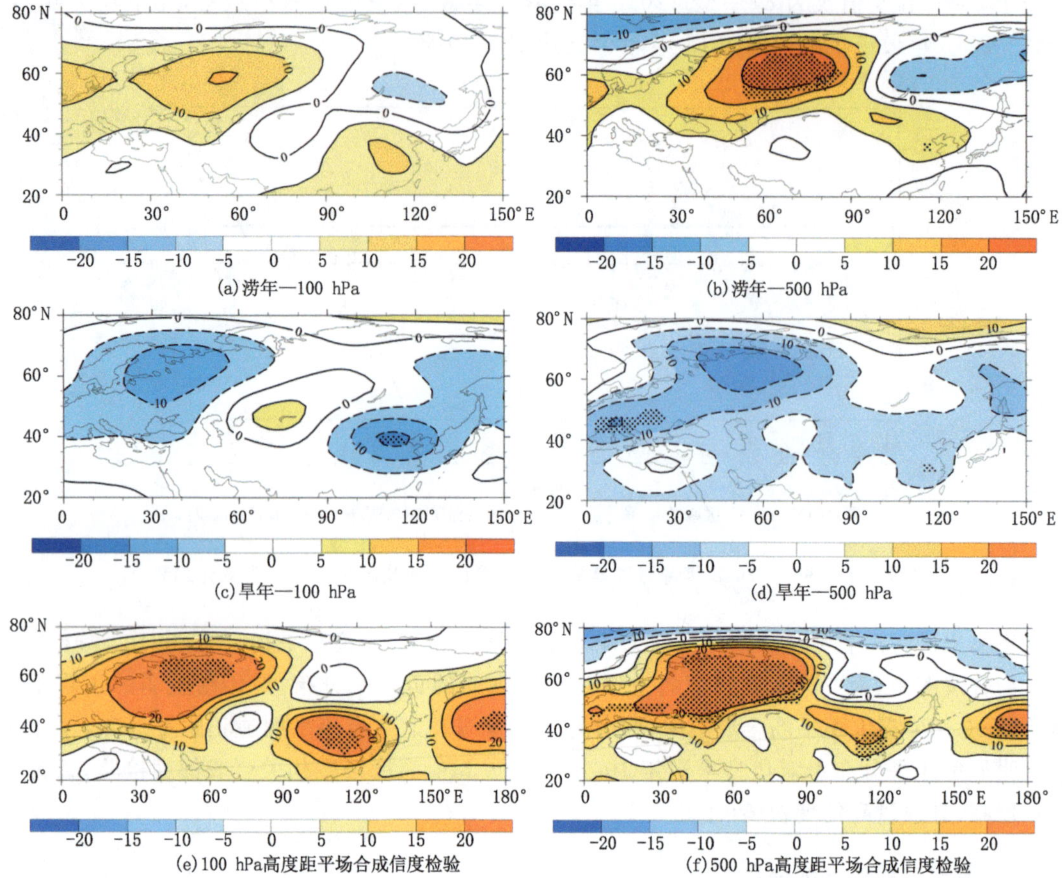

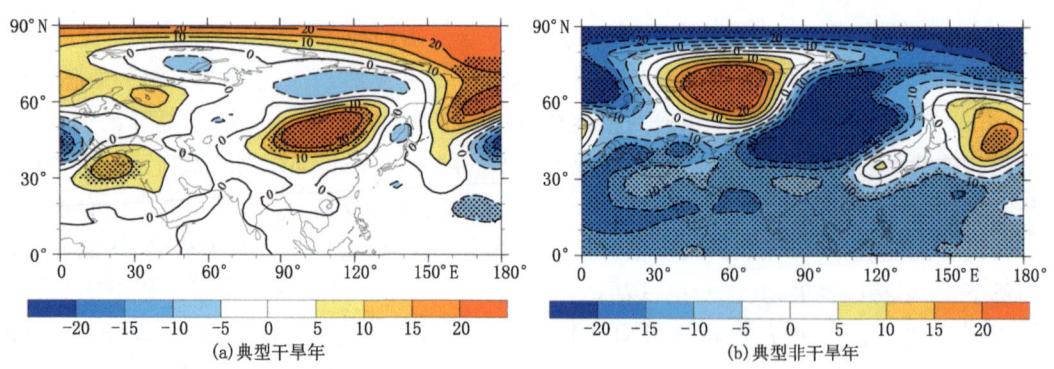

图 2.21 青海省典型旱涝年 100 hPa、500 hPa 高度距平场差异及合成信度检验(单位:gpm)

(a)典型干旱年 (b)典型非干旱年

图 2.22 青海省夏季 500 hPa 高度距平合成图(单位:gpm)

值月份的环流特征是阿留申低压和日本上空的急流都较弱,负 WP 月份的环流特征正好相反(胡广隆,2006)。这种类型也是相当正压结构。

夏季青海省非干旱区干旱指数与前期以下环流因子相关统计得出,夏季西大西洋型(胡广隆,2006)(WA=1/2[Z(70°N,80°W)—Z(45°N,65°W)])(简称 H_2)、上年秋季欧亚纬向环流指数(IZ,0°~150°E)(简称 H_4)与夏季干旱指数呈正相关;而 8 月青藏高原地面加热场强度距平指数(李栋梁等,1990)(简称 H_1)、4月西太平洋(WP=1/2[Z(60°N,160°W)—Z(35°N,165°E)])(简称 H_3)与夏季干旱指数呈负相关。以上正负相关系数值均通过了 $\alpha=0.05$ 的显著性检验。从1961—2008年和1986—2008年分段的相关统计结果看,两个时段的相关系数值均通过了 $\alpha=0.10$ 的显著性检验。这说明干旱指数与各环流指数之间物理意义明显,相对稳定(表2.2)。夏季干旱与前期或同期部分环流因子的这种相关说明,夏季西大西洋型(WA)、上年秋季欧亚纬向环流指数(IZ,0°~150°E)偏弱,而8月青藏高原地面加热场强度距平指数、4月西太平洋型(WP)偏强,则夏季降水量偏少,容易发生干旱;反之,夏季西大西洋型(WA)、上年秋季欧亚纬向环流指数(IZ,0°~150°E)偏强,8月青藏高原地面加热场强度距平指数、上年秋季欧亚纬向环流指数(IZ,0°~150°E)偏弱,夏季降水量偏多,不容易出现干旱。

表2.2 夏季干旱与同期部分环流因子的相关统计表

时段(年)	H_1	H_2	H_3	H_4
1961—2008	−0.297**	0.372***	−0.461***	0.361***
1986—2008	−0.371*	0.350*	−0.429**	0.323*

注:*,**,*** 分别表示通过0.10,0.05,0.01显著性检验。

上述环流因子与8月青藏高原地面加热场强度距平指数的相关统计结果看,夏季西大西洋型(WA)偏弱、上年秋季欧亚纬向环流指数(IZ,0°~150°E)偏弱,而4月西太平洋型(WP)偏强,8月青藏高原地面加热场强度距平指数偏强,夏季容易发生干旱。反之,夏季西大西洋型(WA)偏强、上年秋季欧亚纬向环流指数(IZ,0°~150°E)偏强,而4月西太平洋型(WP)偏弱,8月青藏高原地面加热场强度距平指数偏弱,则夏季不易发生夏季干旱。西太平洋型(WP)对夏季降水的影响与文献(施能 等,1994)研究成果一致。

从环流因子与8月青藏高原地面加热场强度距平指数的相关统计(表2.3)关系,可以得到预测夏季干旱的关系模型图(图2.23)。从图2.23看出,干旱年前期夏季西大西洋型(WA)偏弱、上年秋季欧亚纬向环流指数(IZ,0°~150°E)偏弱,4月西太平洋型(WP)偏强,8月青藏高原地面加热场强度距平指数偏强,欧亚上空容易形成两槽一脊型,夏季贝加尔湖阻塞高压的维持往往使华北、西北地区产生持续干旱(孙国武,1997;李维京 等,2003)。夏季西大西洋型(WA)偏强、上年秋季欧亚纬向环流指数(IZ,0°~150°E)偏强,4月西太平洋型(WP)偏弱,8月青藏高原地面加热场强度距平指数偏弱,对应夏季欧亚上空大部分时间维持两脊一槽型的环流形势,有利于冷空气南下,容易到达高原地区,这对高原地区的降水比较有利。

表2.3 1961—2008年环流因子与同期或前期部分环流因子的相关统计表

相关系数	8月青藏高原地面加热场强度距平指数	夏季西大西洋型	4月西太平洋型	上年秋季欧亚纬向环流指数	夏季干旱指数
8月青藏高原地面加热场强度距平指数	1.00	−0.28**	0.36***	−0.34**	−0.30**
夏季西大西洋型	−0.28**	1.00	−0.11	0.274**	0.37***
4月西太平洋型	0.36***	−0.11	1.00	−0.32**	−0.46***
上年秋季欧亚纬向环流指数	−0.34**	0.274**	−0.32**	1.00	0.36**
夏季干旱指数	−0.30**	0.37***	−0.46***	0.36**	1.00

注:**,*** 分别表示通过0.05,0.01显著性检验。

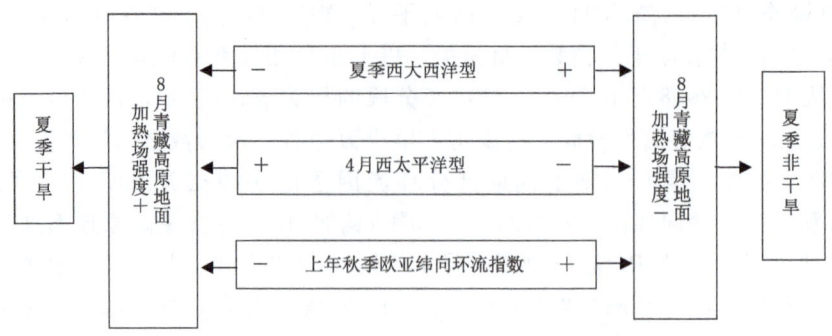

图 2.23　夏季干旱(非干旱)环流因子的关系配置图

2.3.3.2　南亚高压和西太副高的影响

(1)南亚高压对夏季旱涝的影响

南亚高压在夏季跳上高原后,中心位置的南北变化较小,东西变化却较大,高压中心常发生东西移动,当中心位于青藏高原时称为"青藏高压"型,位于伊朗高原时称为"伊朗高压"型。利用闭合气压系统环流指数的定义及方法(王盘兴 等,2010),计算单位半径球面上南亚高压系统的环流指数,以中心平均经度为界,偏东 1 倍标准差的年份为青藏高压型,偏西 1 倍标准差的年份为伊朗高压型,挑选出南亚高压中心位置东、西偏移典型年。

南亚高压中心位置偏东青藏高压型典型年 100 hPa 高度距平场青海省上空呈一个弱的正距平,500 hPa 高度距平场青海省上空则呈明显负距平控制;中心位置偏西伊朗高压型典型年 100 hPa 高度距平场青海省上空呈明显的负距平,500 hPa 高度距平场则为弱的正距平,与青藏高压型相反。对青藏高压型及伊朗高压型典型年 100 hPa 高度距平场及 500 hPa 高度距平场做差值 t 检验,皆通过显著性检验(图 2.24)。

南亚高压青藏高压型及伊朗高压型典型年降水正距平频次合成图中(图 2.25),青藏高压型较伊朗高压型会促使青海省降水呈偏多趋势,偏多区域主要位于东部农业区南部,青南牧区大部及柴达木盆地北部。而伊朗高压型则会使青海省祁连山区及东部农业区北部降水偏多的可能性增加。南亚高压青藏高压型及伊朗高压型典型年降水距平百分率合成图中(图 2.26),青藏高压型使青海省除柴达木盆地东部降水偏少外,其余大部地区降水呈偏多趋势,而伊朗高压型则会使青海省除祁连山中东段及东部农业区北部降水偏多外,其余大部地区降水偏少。

根据南亚高压东伸脊点位置,挑选出东、西偏移典型年,南亚高压东伸脊点偏东典型年100 hPa 高度距平场整个北半球都为高度正距平,说明南亚高压东伸脊点偏东年整个北半球高度都变高,但以青藏高原地区为最大,500 hPa 高度距平场中高纬呈明显的正距平,青海省上空呈弱的正距平;偏西典型年 100 hPa 高度距平场整个北半球都为高度负距平,500 hPa 高度距平场中高纬呈明显的负距平,青海省上空呈负距平(图 2.27)。

南亚高压东伸脊点偏东及偏西典型年降水正距平频次合成图中(图 2.28),偏东型较偏西型明显会促使青海省降水呈偏多趋势。典型年降水距平百分率合成图中(图 2.29),偏东型使我省呈中东部偏多,西部偏少趋势,而偏西型则会使我省略微呈现西多东少的趋势,与偏东型相反。

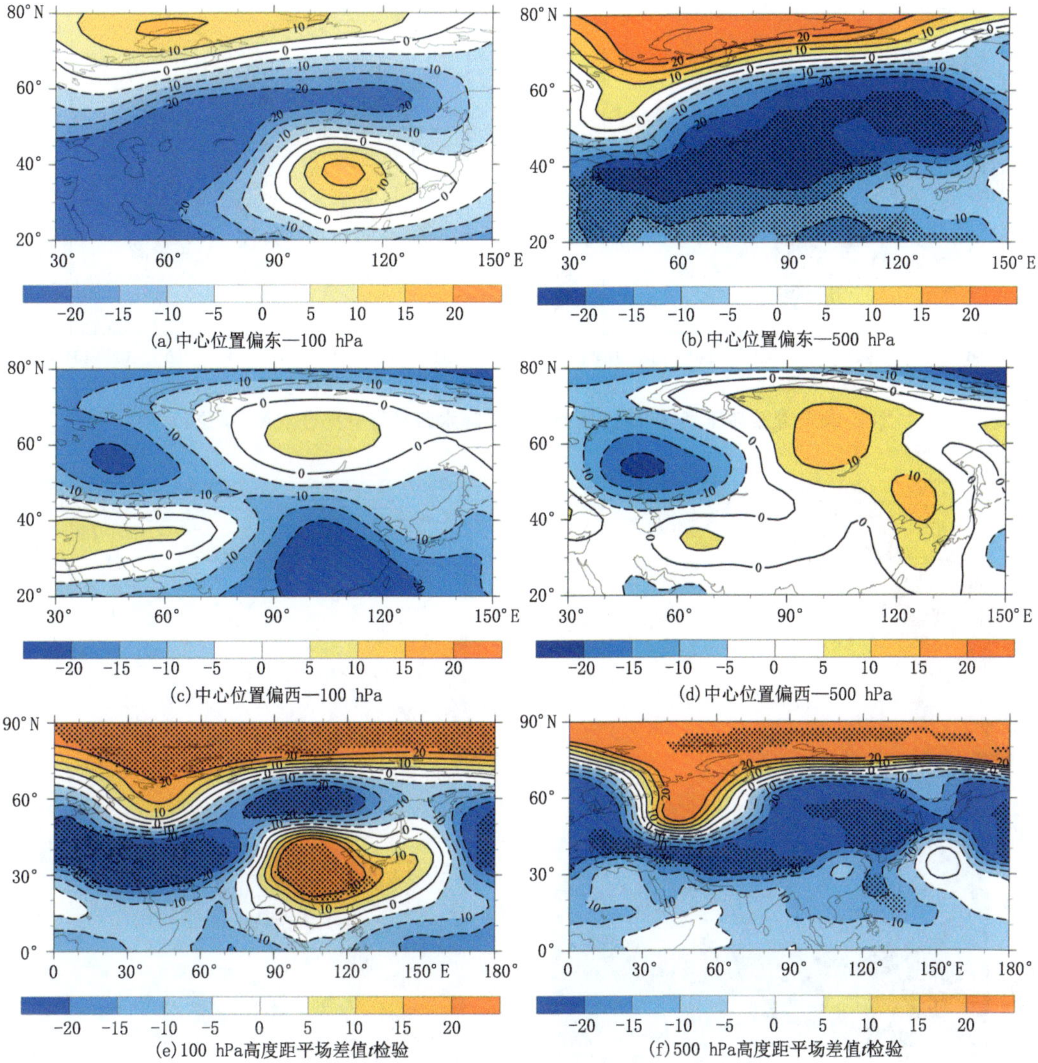

图 2.24 南亚高压中心位置偏东、偏西典型年 100 hPa、500 hPa 高度距平场及差值 t 检验分布（单位：gpm）

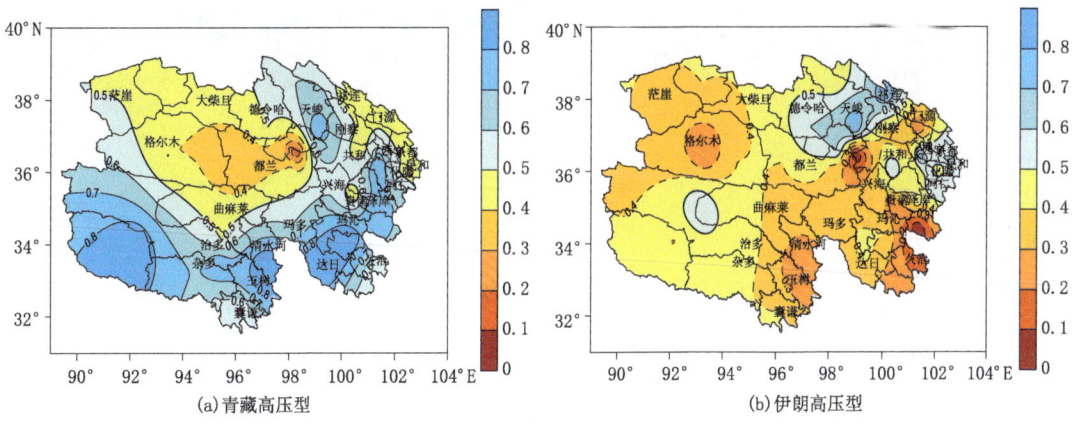

图 2.25 青藏高压型、伊朗高压型典型年青海省降水正距平频次合成图

(a)青藏高压型　　(b)伊朗高压型

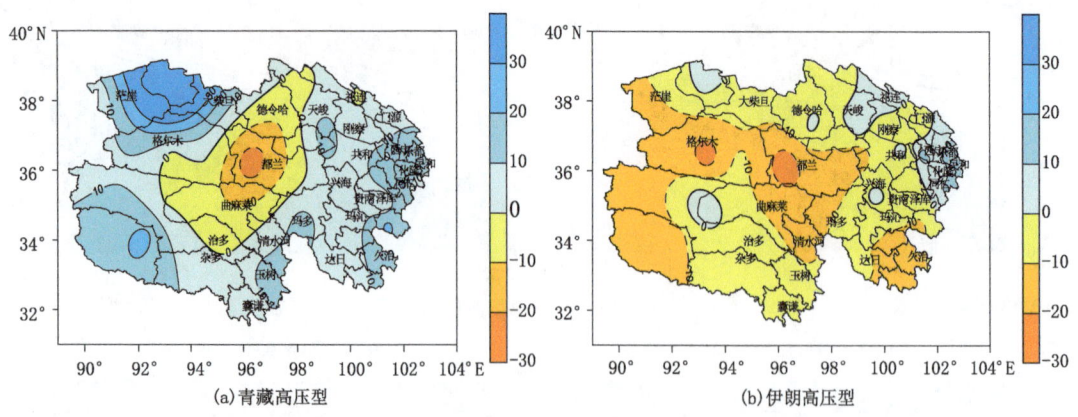

图 2.26　青藏高压型、伊朗高压型典型年降水距平百分率合成图(单位:%)

(a)东伸脊点偏东—100 hPa　　(b)东伸脊点偏东—500 hPa

(c)东伸脊点偏西—100 hPa　　(d)东伸脊点偏西—500 hPa

(e)100 hPa高度距平场差值t检验　　(f)500 hPa高度距平场差值t检验

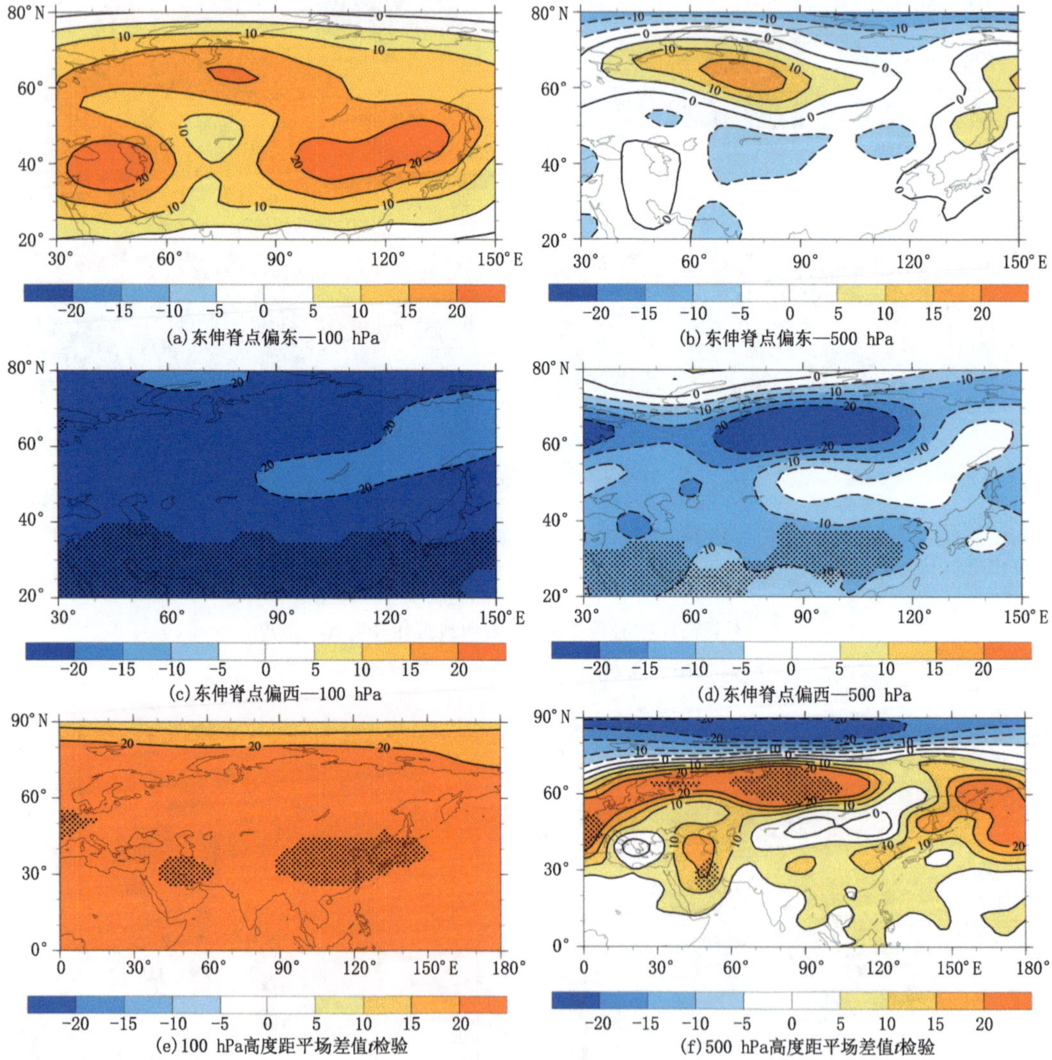

图 2.27　南亚高压东伸脊点偏东、偏西型典型年 100 hPa、500 hPa
高度距平场及差值 t 检验分布(单位:gpm)

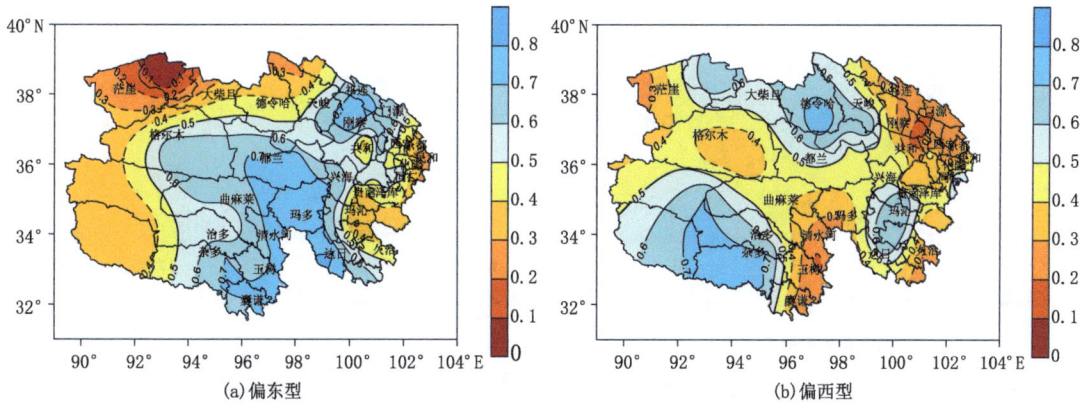

图 2.28 南亚高压东伸脊点偏东型、偏西型典型年青海省降水正距平频次合成图

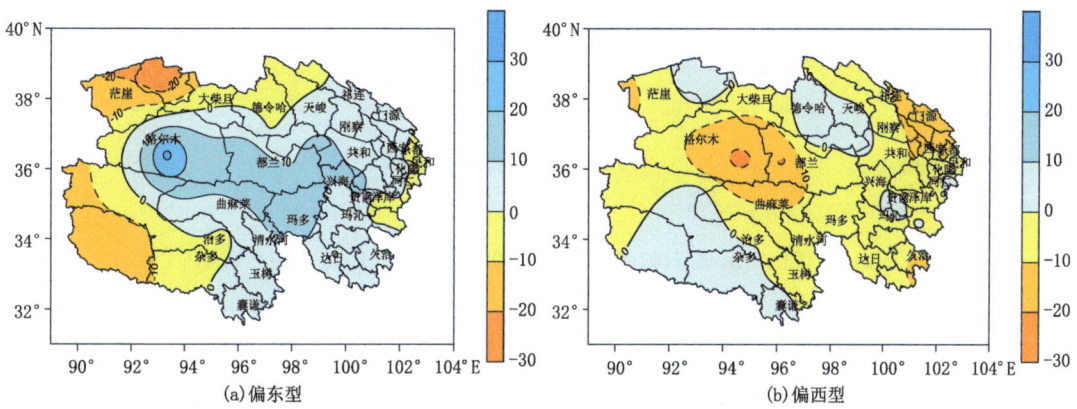

图 2.29 南亚高压东伸脊点偏东型、偏西型典型年青海省降水距平百分率合成图(单位:%)

(2)西太副高对夏季旱涝的影响

西太副高脊线偏北典型年 500 hPa 高度距平场青海省上空为明显负距平,100 hPa 高度距平场中青海省上空呈正距平;偏南典型年 500 hPa 高度距平场青海省上空为弱的负距平,100 hPa 高度距平场青海省上空呈明显正距平(图 2.30)。

西太副高脊线偏北及偏南典型年降水正距平频次合成图中(图 2.31),偏北型会促使青海省东部农业区大部、环青海省湖地区南部、青南牧区东部降水呈偏多趋势;偏南型会促使青海省环青海省湖地区北部、青南牧区西部降水呈偏多趋势。典型年降水距平百分率合成图中(图 2.32),偏北型较偏南型更能使我省降水呈偏多趋势,其中东部农业区表现尤为显著。

西太副高西伸脊点偏西典型年 500 hPa、100 hPa 高度距平场青海省上空皆呈正距平;偏东典型年 500 hPa、100 hPa 高度距平场青海省上空皆为弱的负距平(图 2.33)。

西太副高西伸脊点偏西及偏东典型年降水正距平频次合成图中(图 2.34),偏西型较偏东型会促使青海省大部降水呈偏多趋势,但对于东部农业区影响并不显著。典型年降水距平百分率合成图中(图 2.35),偏西型下青海省处于降水偏多趋势,偏东型则呈偏少趋势。

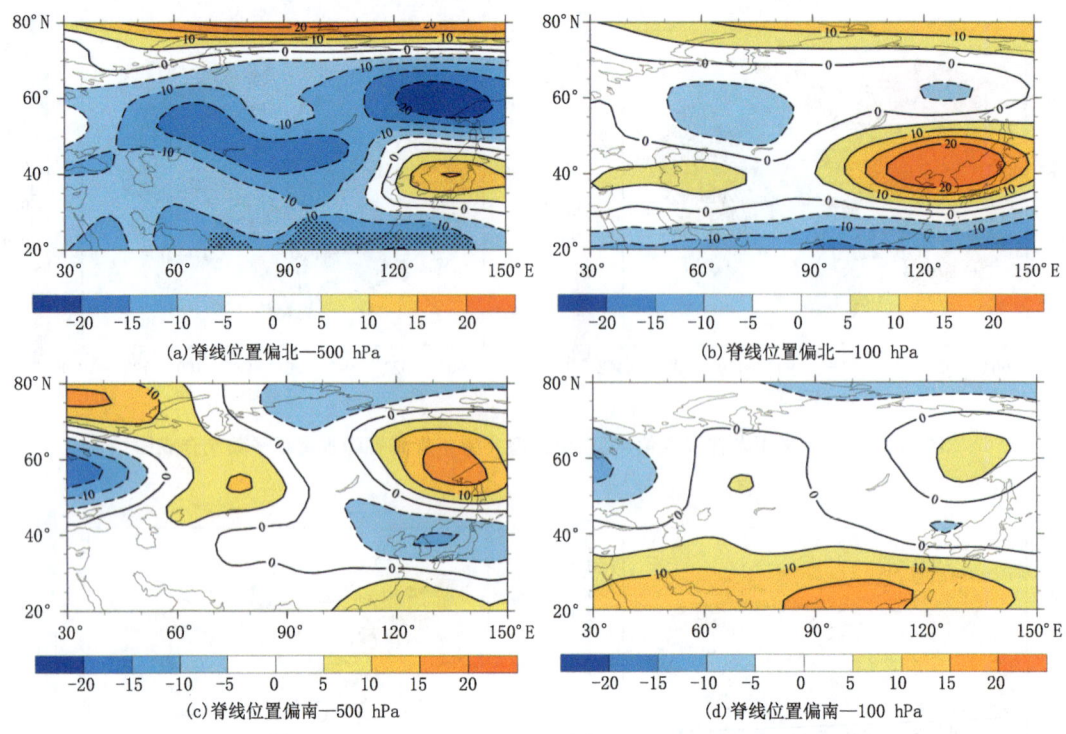

图 2.30　西太副高脊线位置偏北型、偏南型典型年 500 hPa、100 hPa 高度距平场分布（单位：gpm）

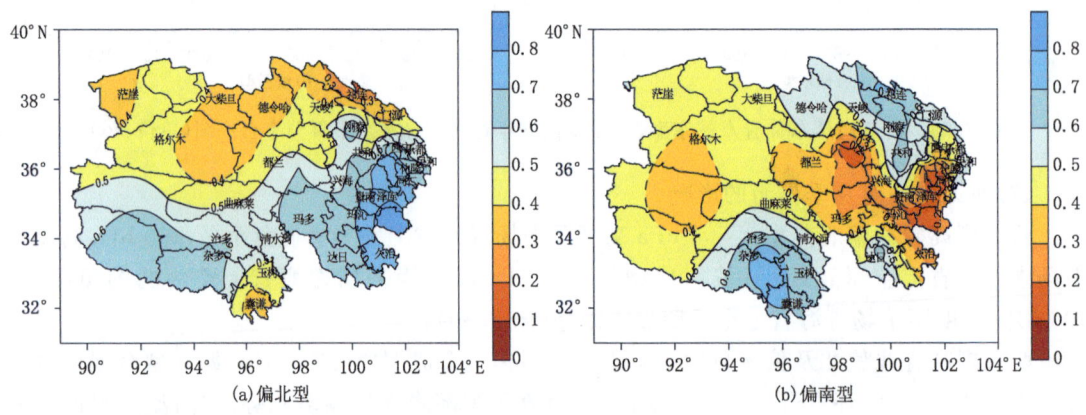

图 2.31　西太副高脊线位置偏北型、偏南型典型年青海省降水正距平频次合成图

（3）旱涝年南亚高压与西太副高两者配合特征分析

1961—2018 年夏季南亚高压东脊点与西太副高西脊点逐候变化（图 2.36）。从平均状态来看：31 候，南亚高压东脊点位于 100°E 以西，西太副高西脊点位于 130°E 以西，二者之间经距为 30°；31 候之后二者相对而行，36～37 候二者所在经度最为接近，之后继续相对而行，形成高低层重叠的形式；46 候二者经距达到最大，平均状态为 30°，此后二者开始背向而去，南亚高压东脊点西退至 130°E 附近，西太副高西脊点东退至 120°E 以西。

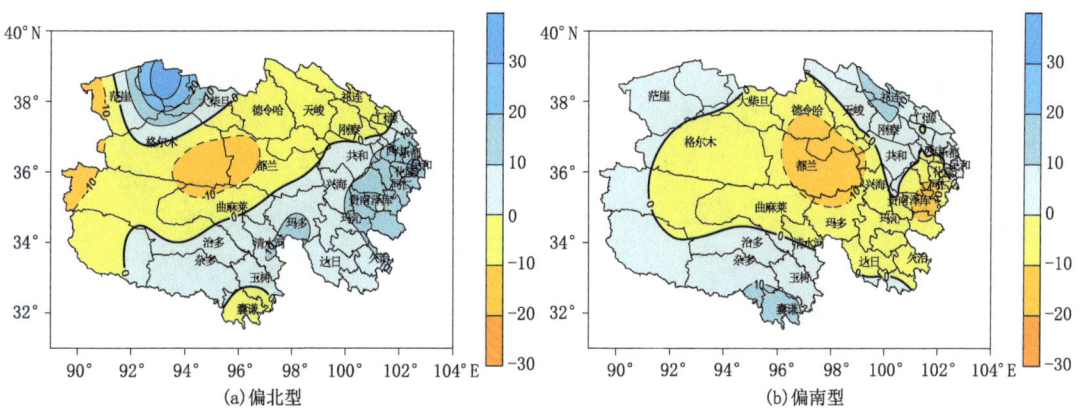

图 2.32 西太副高脊线位置偏北型、偏南型典型年青海省降水距平百分率合成图(单位:%)

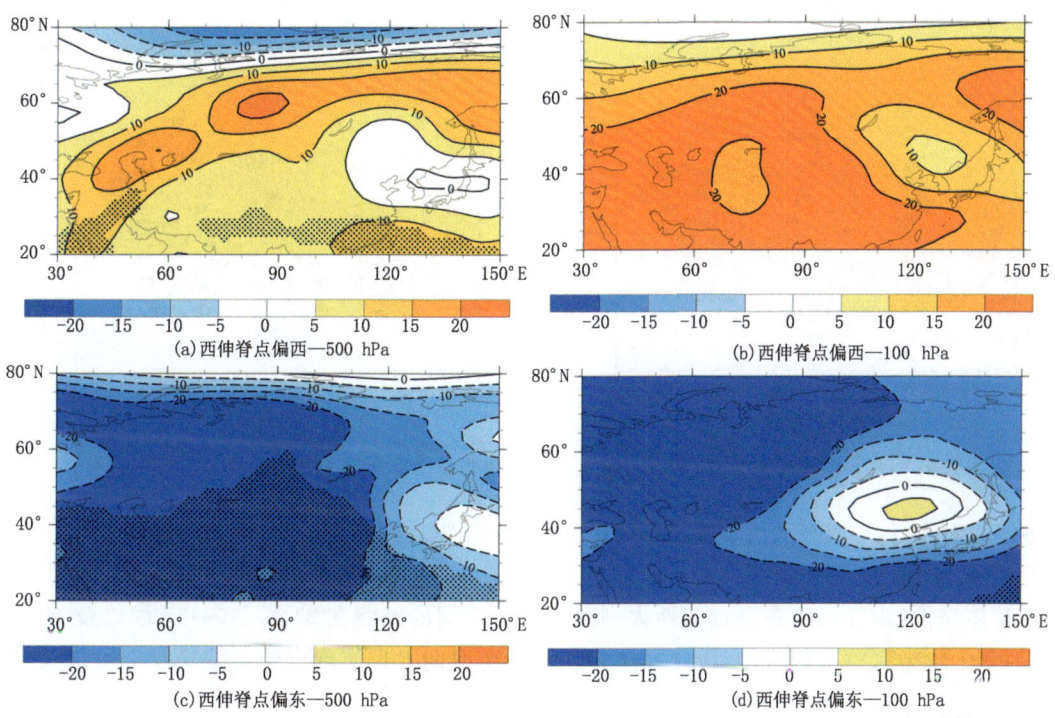

图 2.33 西太副高西伸脊点偏西型、偏东型典型年 500 hPa、100 hPa 高度距平场分布(单位:gpm)

从涝年平均状态来看:31 候,南亚高压东脊点位于 100°E 以东,西太副高西脊点位于 130°E 以西,二者之间经距明显小于 30°;31 候之后二者相对而行,36 候时二者所在经度首次接近,之后二者先背向而去再东西振荡调整,38 候时再次接近,之后形成高低层重叠的形式;同样 46 候二者经距达到最大,但经距稍大于 20°,此后二者开始背向而去,南亚高压东脊点西退至 130°E 附近,西太副高西脊点东退至 120°E 以东。

从旱年平均状态来看:31 候,南亚高压东脊点位于 100°E 以西,西太副高西脊点位于 130°E 以东,二者之间经距接近 40°;31 候之后二者相对而行,37 候二者所在经度最为接近,之

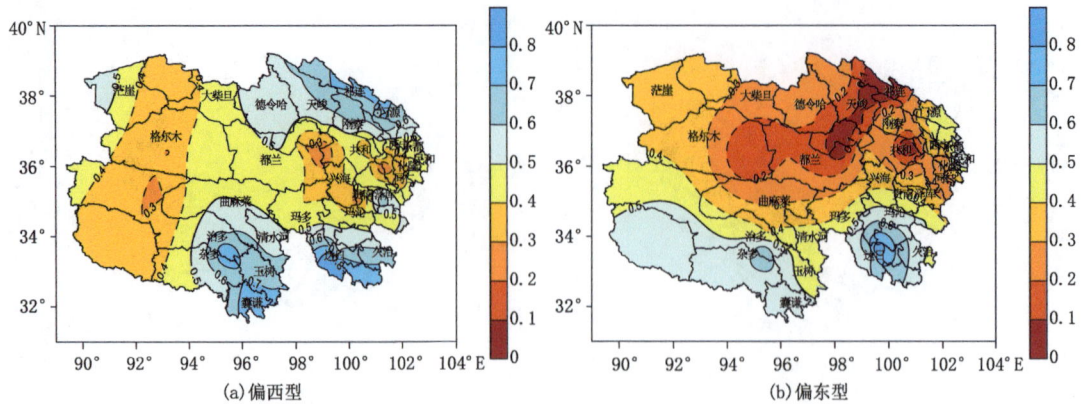

图2.34 西太副高西伸脊点偏西型、偏东型典型年青海省降水正距平频次合成图

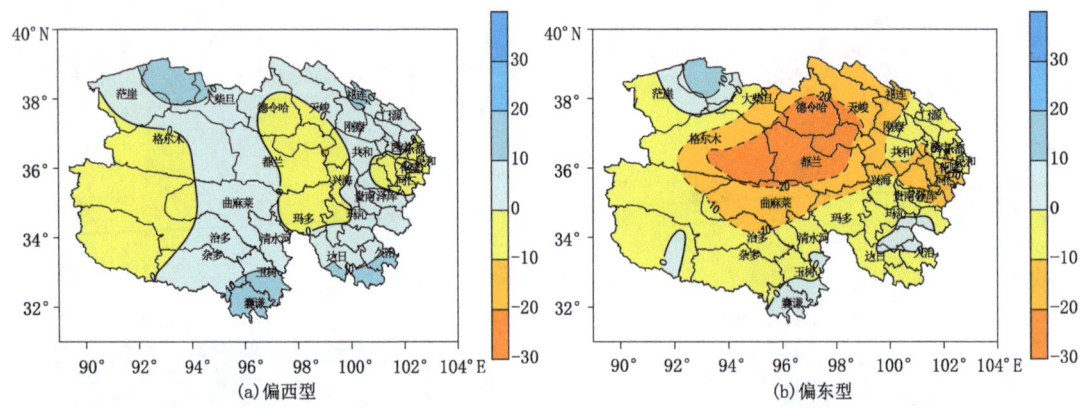

图2.35 西太副高西伸脊点偏西型、偏东型典型年青海省降水距平百分率合成图(单位:%)

后继续相对而行,形成高低层重叠的形式;45候二者经距达到最大,二者之间经距接近40°,此后二者开始背向而去,南亚高压东脊点西退至130°E附近,西太副高西脊点东退至110°E附近。

整体来说,南亚高压东脊点与西太副高西脊点之间的经距在31候、36~37候以及45~46候,为3个较为有特点的时段,涝年和旱年在这3个时间上也体现出明显差异。

2.3.4 结论

(1)夏季典型干旱年500 hPa欧亚中高纬度上空高度距平分布为负距平,北极地区为正距平控制,极涡偏弱。青藏高原上由弱的正距平控制。非干旱年,极涡偏强,中心偏向亚洲北部,南支低压槽活跃。

(2)南亚高压偏东型较偏西型会促使青海省降水呈偏多趋势,偏多区域主要位于东部农业区南部,青南牧区大部及柴达木盆地北部,而偏西型则会使青海省祁连山区及东部农业区北部降水偏多性增加;西太副高脊线偏北型较偏南型更能使青海省降水呈偏多趋势,其中东部农业区表现尤为显著,西伸脊点偏西型较偏东型会促使青海省大部降水呈偏多趋势,但对于东部农业区影响并不显著。

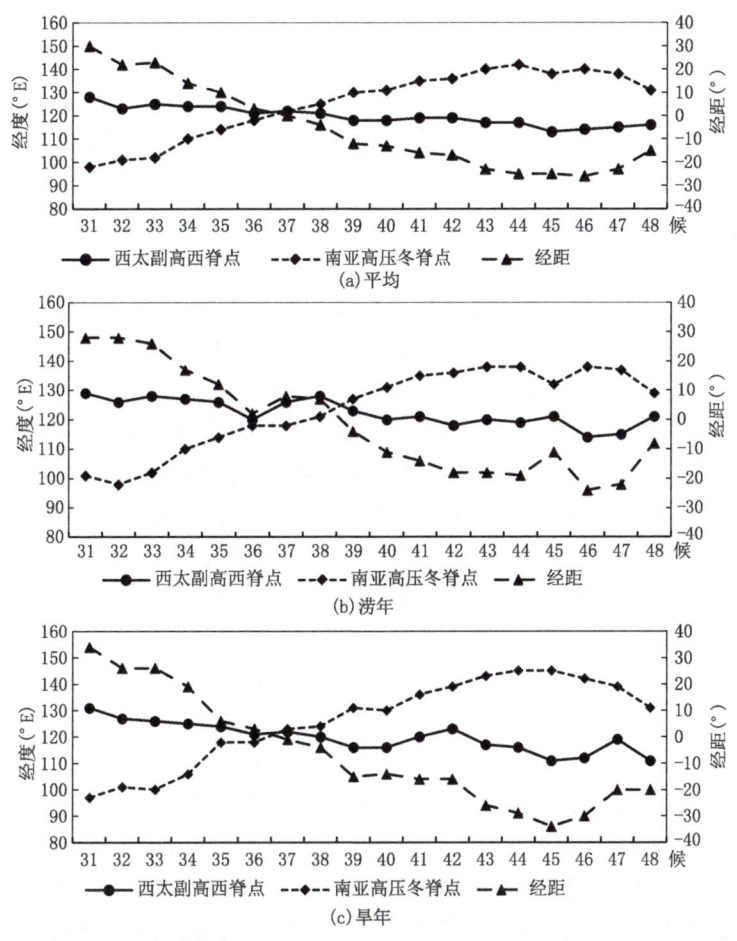

图 2.36 夏季南亚高压东脊点与西太副高西脊点逐候变化趋势

(3)南亚高压偏西年,脊点西退至 103°E 左右,且其东端为高度负距平,此时,西太副高东撤至海上,副高西端为高度负距平,说明副高处于比较偏东的位置。南亚高压偏东年,脊点位于 126°E 附近,较气候态东脊点(114°E 附近)平均东进了约 12 个经度,且其东端为高度正距平,此时,西太副高伸至我国东南沿海大陆上,副高西端为高度的正距平,说明副高处于比较偏西的位置。

(4)南亚高压东脊点与西太副高西脊点之间的经距在 31 候、36～37 候以及 45～46 候,为 3 个较为有特点的时段,涝年和旱年在这 3 个时间上也体现出明显差异。

2.4 秋季旱涝异常特征及其成因

中国地处东亚季风区,季风气候显著。秋季是夏季风环流向冬季风环流转变的过渡时期。此时,东亚夏季风系统开始南撤,季风槽逐步南移,中高纬度的冷空气开始活跃。热带暖湿气流和南下的冷空气在不同地区的交汇造成我国天气和气候的异常,不同强度的冷暖气团在某些区域持续的对峙甚至可以带来一些极端天气和气候事件。同时由于秋季是我国秋收秋种的重要环节,秋季的天气气候异常将对我国粮食生产和人民生活安全造成严重影响。因此做好秋季气候异常的诊断分析,将有利于认识秋雨发生的科学规律,有助于防灾减灾。

秋季气候是否异常,基本上由秋雨是否异常而定。对于我国西部地区来说,秋季最为关键的气候特征为华西秋雨。华西秋雨是我国西部地区秋季多雨的特殊天气现象,主要指渭水流域、汉水流域、川东、川南东部等地区的秋雨。期间频繁南下的冷空气与停滞在该地区的暖湿空气相遇,使锋面活动加剧而产生较长时间的阴雨。平均来讲,降雨量一般多于春季,仅次于夏季,形成当地降水的第二个峰值。华西秋雨一般出现在9—11月,主要特点是雨日多,以绵绵细雨为主。青海省地处青藏高原核心区域,是国家重要生态安全屏障,在全国生态文明建设中具有特殊重要地位,独特的高原生态系统决定了青海省既是全国乃至全球缓冲气候变化的"调节器",也是极易受气候变化影响的"敏感区"。同时,青海省位于华西地区西部,影响青海省秋季降水的系统与华西秋雨的影响因子紧密相关。

在秋收的季节里,阴雨天气导致气温下降,成熟的秋粮易发芽霉变,未成熟的秋作物生长期延缓,容易遭受冻害,对农业生产带来不利影响。而且,华西秋雨区内山地多,长时间连阴雨后容易出现滑坡泥石流。华西秋雨作为我国秋季主要的气候特征之一,对水库蓄水、秋收、秋播、生产及生活有着重要影响。2003年和2005年出现了明显的华西秋雨,黄河流域和渭水流域先后发生秋汛,导致部分地区秋收作物大幅度减产;2011年华西秋雨导致四川、陕西、河南、重庆、湖北、山西、甘肃、青海等省市遭受洪涝、滑坡、泥石流等灾害,影响国民经济健康发展。因此,一直备受我国气象学者的关注(贾小龙 等,2008;Hu et al.,2011;罗霄 等,2013)。

汤懋苍(1993)指出,9月以后随着青藏高原夏季风的南撤,雨区南退后形成"华西秋雨",其空间分布型表现为经向型、纬向型和准全区型,9—10月500 hPa欧亚型环流特征可能是同期华西纬向型降水分布的基本条件。高由禧等(1958)认为其起因与亚洲上空急流和印度季风的进退有关。秋雨形成的环流背景多是由于西风带环流与副热带环流的不同步转变(徐裕华,1991)。西太副高增强、印缅槽加深、贝加尔湖低槽加深,有利于华西秋雨的产生(贾小龙 等,2008)。关于青藏高原与华西秋雨,陈忠明等(2001)指出,青藏高原东部热源与华西秋雨雨量呈负相关,并以2月东部热源与华西秋雨的相关最为显著;高原东部地面热源异常强迫500 hPa大气环流异常来制约华西秋雨的多寡。赵俊虎等(2019)研究指出,秋季欧亚中高纬度槽脊活动频繁,冷空气活跃,西太副高较常年同期偏强偏西,脊线季节内南北波动较大,西南水汽输送强,导致我国东部秋季降水南北多中间少。

本节从华西秋雨异常演变的角度出发,研究华西秋雨与青海省秋季降水的关系,进一步说明青海省秋季旱涝异常特征。

2.4.1 数据及方法

2.4.1.1 数据来源

青海省50个气象基本站、国家气候中心提供的华西监测区域内373个国家观测站的1979—2014年逐月降水量资料。对个别缺测值的插补方法为:首先用有缺测值的站点和附近无缺测的10个台站进行相关性分析,然后选取相关系数最大的站点,用该台站数值插补缺测台站。

格点历史资料选取日本气象厅JRA-55全球逐月再分析资料,垂直方向从1000 hPa到1 hPa共37层,包括纬向风、经向风、位势高度、地表气压、比湿、感热通量等常规变量,为统一分析数据,将水平分辨率统一插值为2.5°×2.5°的粗网格数据。

2.4.1.2 研究方法

水汽通量（Q）由下式进行计算：

$$Q = \frac{1}{g}\int_{p_u}^{p_s} q\mathbf{V} dp \tag{2.5}$$

其中包括纬向水汽通量（Q_λ）和经向水汽通量（Q_φ）：

$$Q_\lambda = \frac{1}{g}\int_{p_u}^{p_s} qu\, dp, \quad Q_\varphi = \frac{1}{g}\int_{p_u}^{p_s} qv\, dp \tag{2.6}$$

水汽通量散度由下式进行计算：

$$D = \nabla \cdot \mathbf{Q} = \frac{1}{a\cos\varphi}\left(\frac{\partial Q_\lambda}{\partial \lambda} + \frac{\partial Q_\varphi \cos\varphi}{\partial \varphi}\right) \tag{2.7}$$

式(2.5)至式(2.7)中，g 为重力加速度，u 为纬向风、v 为经向风，p_s 为下边界气压，p_u 为上边界气压，q 为比湿，$\mathbf{V}$ 是单位气柱各层大气的风速矢量。

要研究高原热力作用对大气环流和降水的影响，就必须确定地面热源的表征方法。季国良等(1986)、李栋梁等(1990)、徐国昌等(1990)以地面感热来表征高原地面加热场强度，用统计方法，根据地气温差与感热的关系，由此研究高原地面热源强度变化。青藏高原73站逐月感热（SH）的计算公式为：

$$SH = C_p \rho C_h V(t_s - t_a) \tag{2.8}$$

式中，C_p 为空气的定压比热常数；C_h 为湍流热交换系数；ρ 为地面空气密度；V 为地面标量风速；t_a 为百叶箱气温；t_s 为地面0 cm地温。

运用合成分析、相关分析、回归分析、t 检验等常规统计（吴洪宝 等，2005；魏凤英，2007），研究影响青海省秋季降水的环流因子。

2.4.2 青海省秋季降水的时空变化特征

青海省秋季降水量呈显著的年际变化，在1961—2016年呈平稳增加趋势，气候倾向率为1.58 mm/10a，其中，1971年、2008年降水量大于100 mm，其余年份降水量为50~100 mm（图2.37）。

从年代际变化看出（图2.38），2001—2010年，全省大部秋季降水偏多，其中以东部农业区、盆地中东部降水偏多幅度最大，唐古拉山地区、玉树西部、果洛南部降水偏少；2011—2016年，全省大部秋季降水呈偏少态势。

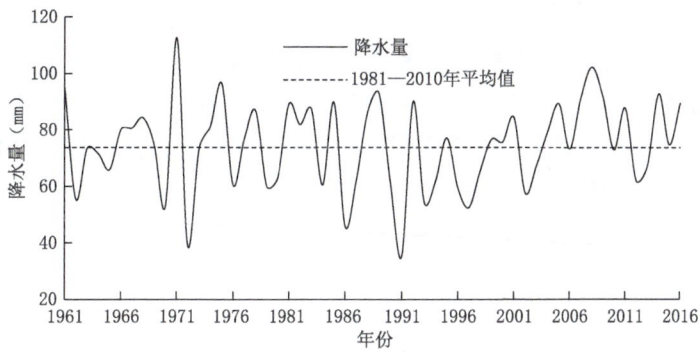

图 2.37　1961—2016年青海省秋季降水量逐年变化趋势

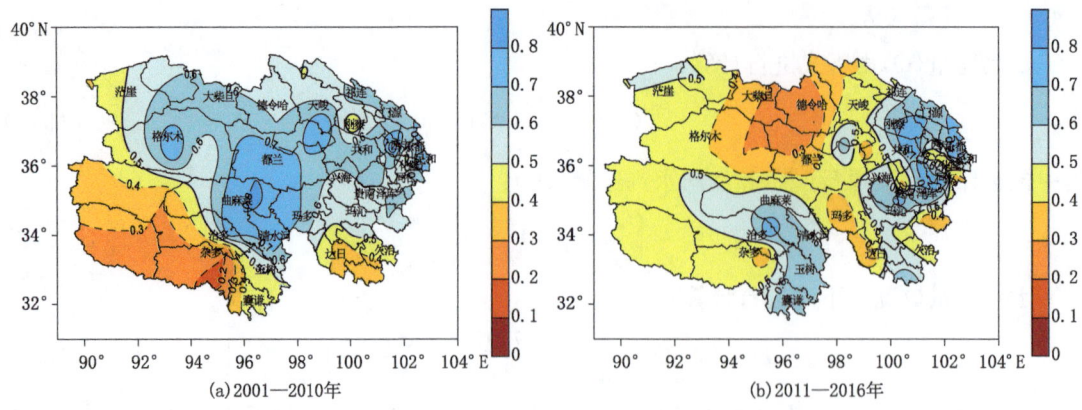

图 2.38 1961—2016 年青海省秋季降水正距平频次合成图

2.4.3 华西秋雨的时间变化特征

华西秋雨同样呈显著的年际变化,在 1961—2016 年降水量呈减少趋势,气候倾向率为 −8.4 mm/10a,1964 年、1968 年、1975 年和 1983 年降水量大于 300 mm,其中以 1983 年降水量最大,为 331.4 mm;其余年份降水量为 78~300 mm,其中 1998 年降水量最少,为 78.6 mm (图 2.39)。

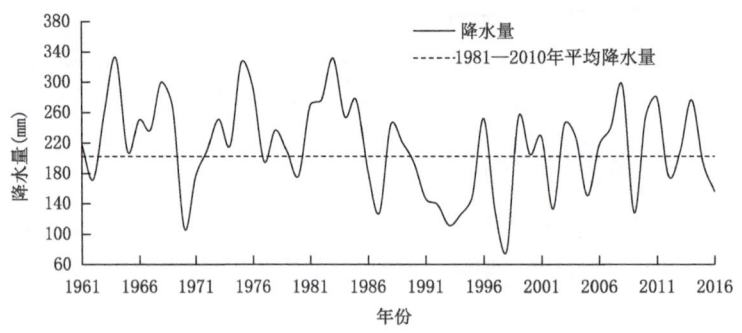

图 2.39 1961—2016 年华西秋雨逐年变化趋势

2.4.4 华西秋雨与青海省秋季降水的关系

分别做华西地区秋雨、青海省秋季降水的逐年变化(图 2.40)及华西秋雨与青海省秋季降水的空间相关分布图(2.41)。从图 2.42 可以看出,1961—2016 年华西南区、北区秋雨和青海省秋季降水均呈显著的年际变化,在华西秋雨偏多(少)的年份,青海省秋季降水也偏多(少),对应效果较好。通过空间相关可以看出(图 2.41),青海省海北、农业区、青南牧区大部秋季降水与华西秋雨的正相关性较高。

2.4.5 华西秋雨环流及水汽异常特征

降水异常主要受大尺度环流异常的制约,进入秋季以后大气环流开始调整,影响华西秋雨异常的秋季关键区(如贝加尔湖低槽等)大气环流的变化也有明显的年代际变化特征,因此有

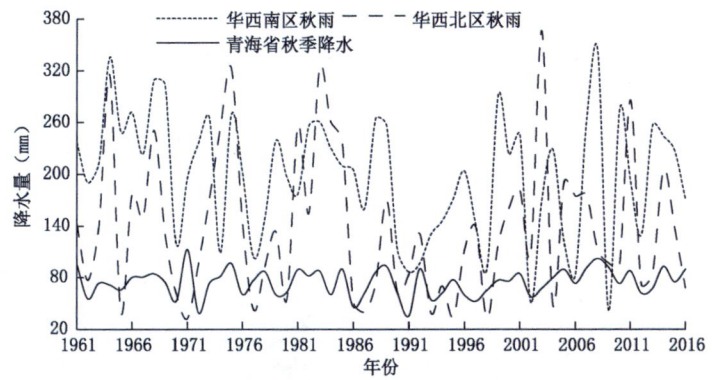

图 2.40 1961—2016 年华西南区、北区、青海省秋季降水的逐年变化趋势

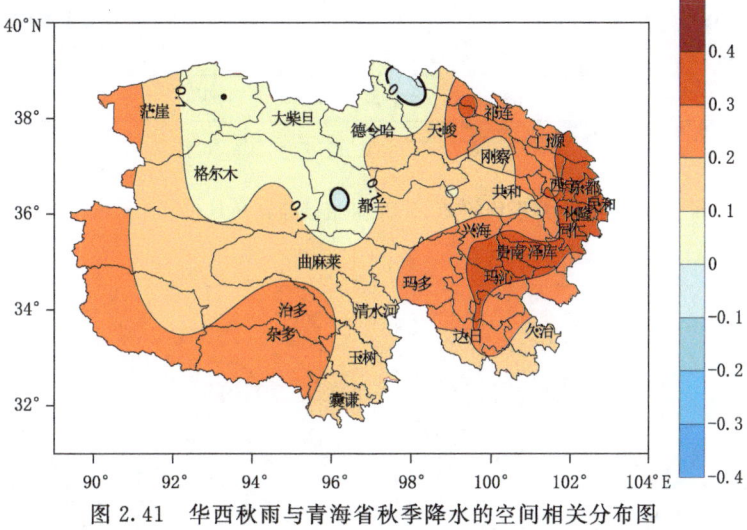

图 2.41 华西秋雨与青海省秋季降水的空间相关分布图

必要分析偏强/弱年环流场的分布。由于华西秋雨在1988年进行突变,在此,根据华西秋雨标准化年际序列(图 2.42),挑选出秋雨偏强年 9 年(2006 年,2007 年,2008 年,2009 年,2010 年,2011 年,2012 年,2013 年和 2014 年)以及偏弱年 7 年(1991 年,1992 年,1993 年,1994 年,1995 年,1997 年和 1998 年),通过分析环流场及水汽通量场等要素了解强/弱年环流的差异与演变。

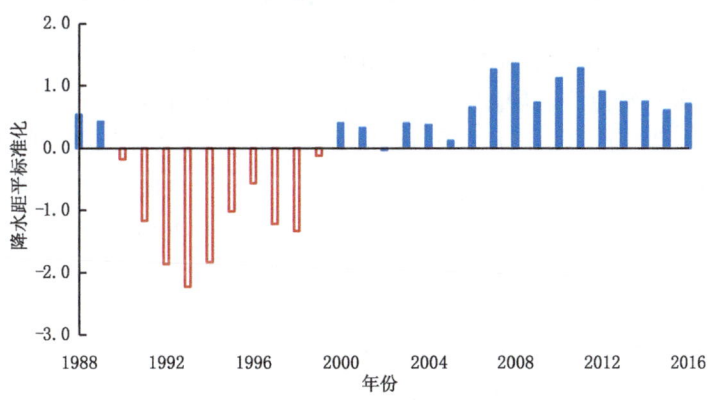

图 2.42 1988—2016 年华西秋雨的标准化年际序列

图 2.43 和图 2.44 分别给出了强/弱年高、低空环流分布。从图 2.43a 可知秋雨偏强年,华北地区存在强反气旋,华西受该反气旋偏南气流的影响在高空表现为辐散,从图 2.44a 可知秋雨偏强年,华西在低空(850 hPa)表现为辐合,这种高低空配置有利于全区产生降水。反之,秋雨偏弱年华西在高空表现为辐合(图 2.43b),在低空表现为辐散(图 2.44b),不利于产生降水。

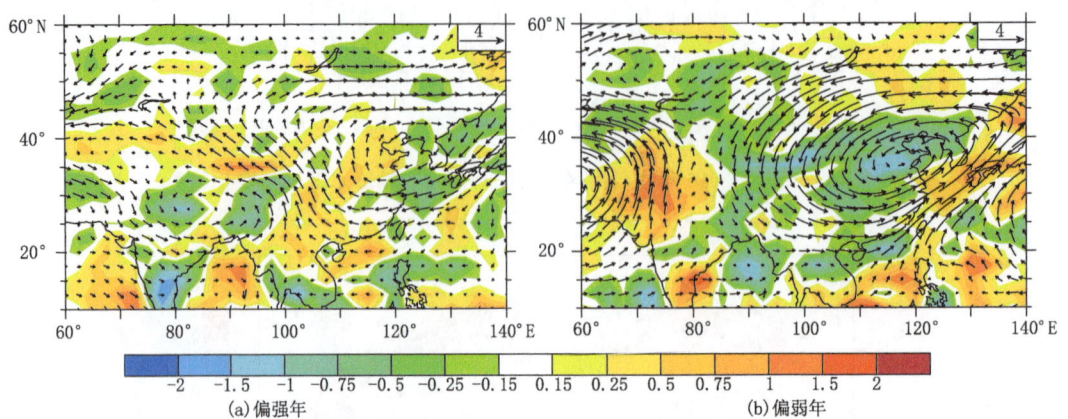

图 2.43 华西秋雨强年、弱年 9—10 月平均的 200 hPa 环流场合成风场(单位:m/s)、散度(单位:10^{-6}/s)分布

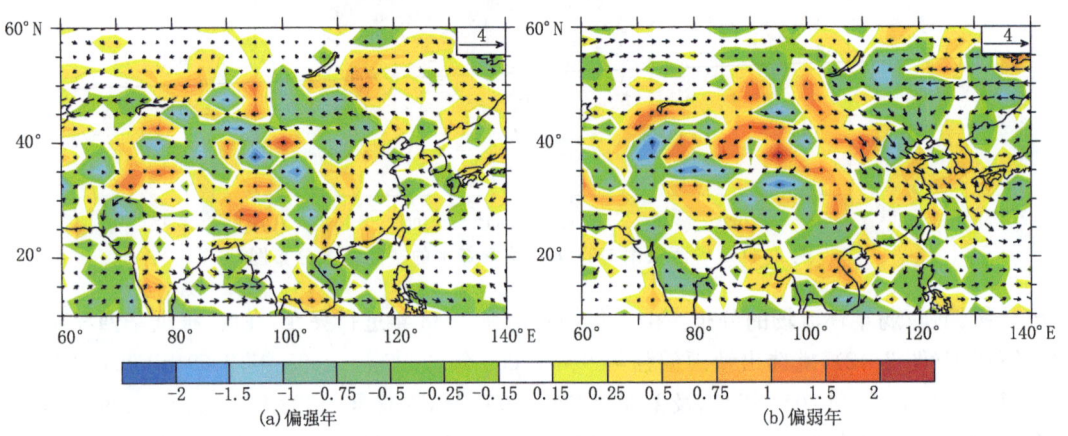

图 2.44 华西秋雨强年、弱年 9—10 月平均的 850 hPa 环流场合成风场(单位:m/s)、散度(单位:10^{-6}/s)分布

进一步分析 500 hPa 强弱年高度场异常情况。从图 2.45a 可以看出,华西秋雨偏强年的 500 hPa 高度合成分布特点为从印度至我国东部形成了一个西南—东北向的"一十"波列;印缅槽偏强,西太副高和乌拉尔山高压偏强,此时贝加尔湖—巴尔喀什湖之间无明显的倾斜低槽。从水汽输送来看,华西秋雨偏强年,孟加拉湾存在气旋性环流,来自孟加拉湾的偏西南暖湿气流和沿西太副高外围的偏东南气流共同向华西地区输送水汽,此时华西地区处于水汽辐合区,从图中可知,沿西太副高外围的偏东南气流是主要的水汽来源(图 2.46a)。

从图 2.45b 可以看出,华西秋雨偏弱年的 500 hPa 高度合成分布特点为中纬度呈"一十一"波列;印缅槽偏弱,西太副高和乌拉尔山高压偏弱,此时贝加尔湖—巴尔喀什湖之间存在一个弱脊。从水汽输送来看,华西秋雨偏弱年,孟加拉湾存在反气旋性环流,华西地区受来自中高纬偏北气流的影响处于水汽辐散区,此时没有水汽向华西地区输送(图 2.46b)。

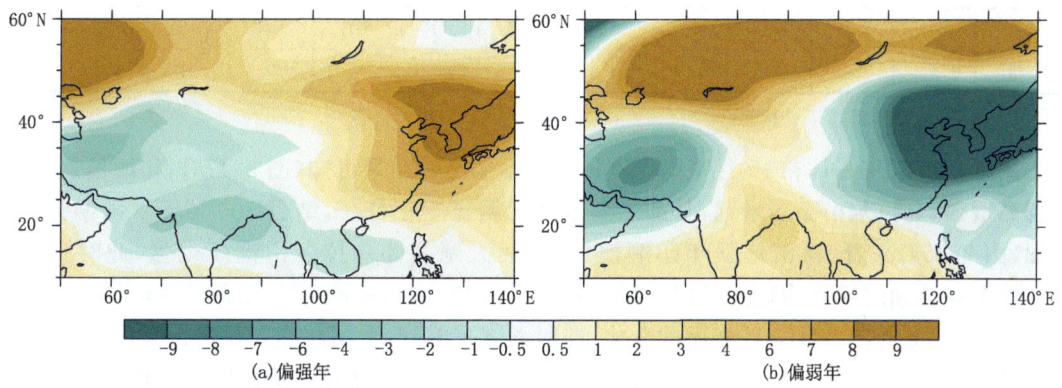

图2.45 华西秋雨强年、弱年9月、10月平均的500 hPa高度场合成图(单位:gpm)

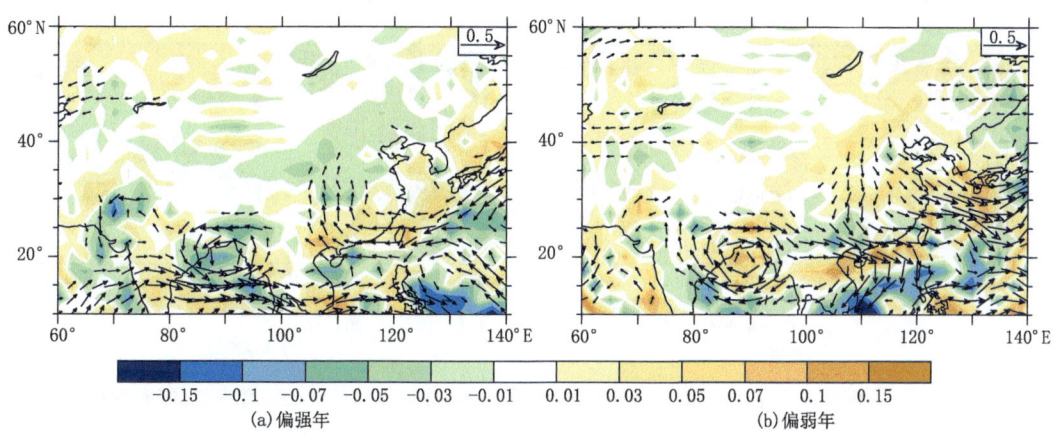

图2.46 华西秋雨强年、弱年9月、10月平均的整层积分水汽通量场合成
水汽通量(单位:kg·m^{-1}·s^{-1}),水汽通量散度(单位:10^{-5}kg·m^{-2}·s^{-1})分布

2.4.6 青藏高原热力作用对华西秋雨的影响

青藏高原作为一个抬升的热源,其热力作用是通过改变其上空大气的热力状况及环流,从而影响青藏高原及邻近地区的大气环流和天气气候。由于青藏高原独特的高耸地形和热力强迫,使得高原在亚洲季风环流的形成和变化中起着极为重要的作用(钱永甫 等,1988)。5月青藏高原的地表温度通过影响夏季西太副高的强度和西伸脊点,进而对我国东部降水产生一定的影响(陈月娟 等,2001)。张盈盈等(2015)指出,春季高原感热加热年际变化在高原中西部最为明显,这主要与局地地—气温差的年际变率有关。

为了研究青藏高原感热对华西秋雨的影响,首先对1987—2014年高原感热与华西秋雨(9—10月)做逐月相关计算,由表2.4可知,5月高原感热与华西秋雨分别呈显著负相关关系,因此利用华西秋雨、5月高原感热分别与9月和10月平均的500 hPa高度场和整层积分水汽通量场进行回归分析。

表 2.4　1987—2014 年逐月高原感热与华西秋雨的相关系数

月份	1月	2月	3月	4月	5月	6月	7月	8月	9月	10月	11月	12月
华西	0.4**	0.2	0.0	0.1	−0.4**	−0.3	−0.1	−0.05	−0.3	−0.2	0.2	0.3

注：** 表示通过 0.05 显著性检验。

从华西秋雨与9月和10月平均500 hPa高度场回归结果可知（图2.47a），印缅槽加深，西太副高增强，乌拉尔山高压增强，贝加尔湖地区无明显变化特征，结合500 hPa秋雨偏强年合成图（图2.45a）来看，秋雨偏强年印缅槽加深，西太副高和乌拉尔山高压偏强，此时贝加尔湖—巴尔喀什湖之间无明显的倾斜低槽。由前文所知，华西秋雨与5月高原感热呈显著负相关，故图2.47b与图2.47a呈相反的变化，即印缅槽减弱，西太副高和乌拉尔山高压减弱，这种变化与秋雨偏弱年500 hPa合成图（图2.45b）的变化相同。合成分析和回归分析均呈现出较为一致的结论。因此，从以上研究可知，影响华西秋雨的主要系统为印缅槽、西太副高和乌拉尔山高压，5月高原感热偏强（弱）不（有）利于华西地区产生降水。

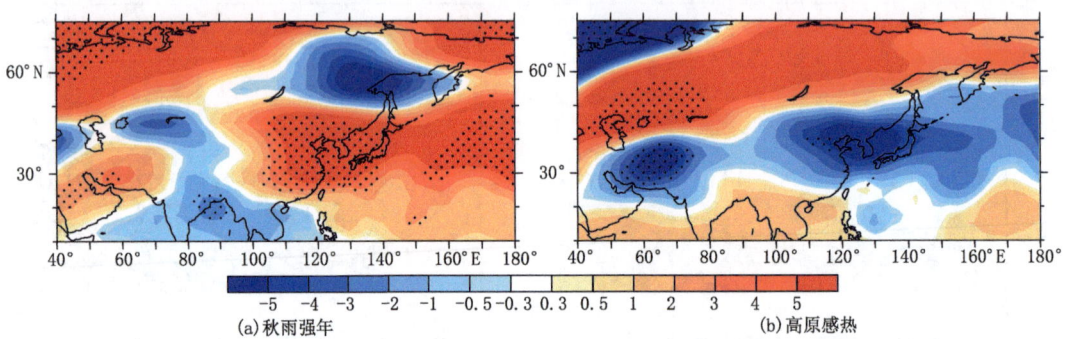

图 2.47　华西秋雨强年、5月高原感热分别与9月、10月平均的500 hPa高度场的回归分布

从华西秋雨偏强年与9—10月整层积分水汽通量回归结果可知（图2.48a），孟加拉湾存在气旋性环流，水汽在该地区辐合，来自孟加拉湾的偏西南暖湿气流和沿西太副高外围的偏东南气流共同向华西地区输送水汽，结合图2.46a来看，秋雨偏强年孟加拉湾存在气旋性环流，来自孟加拉湾的偏西南暖湿气流和沿西太副高外围的偏东南气流共同向华西地区输送水汽，沿西太副高外围的偏东南气流向华西地区的水汽贡献较大。同样，由于华西秋雨与5月高原

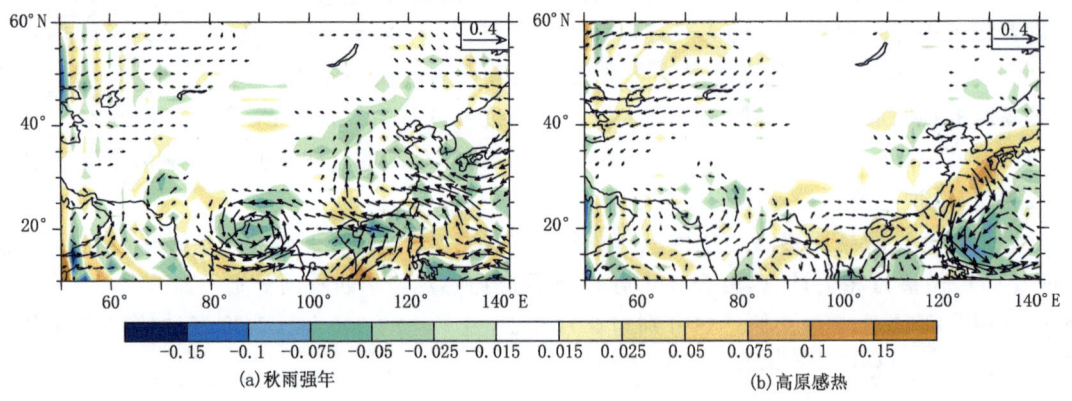

图 2.48　华西秋雨强年、5月高原感热分别与9月、10月平均的整层积分水汽通量的回归分布

感热呈显著负相关,故图 2.48b 与图 2.48a 呈相反的变化,即无水汽向华西地区输送,该结论与图 2.46b 一致。

通过以上研究可知,秋季降水的异常特征主要是由大气环流、高原感热、水汽对降水的协同影响。高低层考虑了风场的辐散辐合;500 hPa 考虑西太副高、印缅槽、贝加尔湖低槽、东部高度场的共同作用,当西太副高偏强,印缅槽加深,贝加尔湖低槽加深,东部高度场偏强时,有利于华西秋雨偏多;反之,则不利于华西地区产生降水。前期高原感热与华西秋雨呈负相关关系,当感热较弱时对应华西秋雨偏多,感热偏强有利于华西秋雨偏少;水汽来源主要考虑三条路径:孟加拉湾偏西南暖湿气流、沿西太副高外围偏东南气流、中纬度偏东气流。青海省整体位于华西地区的西侧,计算出青海省秋季降水与华西秋雨的相关系数为 0.43,通过了 0.05 的显著性检验,正相关性较高。因此影响华西秋雨的环流系统及高原热力作用也会对青海省秋季降水产生影响。

为了检验上述研究对于青海省秋季降水的普适性,分别选取华西秋雨典型偏多年、偏少年进行历史回代检验。

华西秋雨偏多年:1981 年,1983 年,1984 年,1985 年,1988 年,1999 年,2003 年,2008 年,2011 年和 2014 年;

华西秋雨偏少年:1987 年,1991 年,1993 年,1997 年,1998 年和 2002 年。

对所选取的偏多、偏少年份的 500 hPa 高度场、水汽来源进行回代检验,并与青海省秋季降水实况进行对比分析。

在表 2.5 中,秋雨偏多对应的各环流指数的不同情况分别用符号"1","0","−1"三种状态来表示。其中符号"1"代表指数偏大或偏强,表示有利于秋雨偏多;符号"0"代表指数处于符号一致的正常状态,表示有利于秋雨偏多的情况出现但并未达到异常;符号"−1"代表指数偏小或偏弱,表示不利于秋雨偏多。

表 2.5 华西秋雨偏多年主要指标及其与环流指数异常值的联系

年份	500 hPa				水汽来源		
	西太副高	东部高度场	印缅槽	贝加尔湖低槽	孟加拉湾	沿西太副高外围	中纬度偏东水汽
1981	0	1	0	1	1	−1	1
1983	0	1	0	−1	1	1	1
1984	0	1	1	1	−1	−1	1
1985	0	1	0	0	−1	1	1
1988	1	−1	1	−1	1	1	−1
1999	1	1	1	1	1	1	1
2003	0	0	0	1	−1	−1	−1
2008	1	1	1	1	1	1	1
2011	0	1	0	−1	1	1	1
2014	1	−1	−1	1	−1	1	−1
	100%	8/10=80%	9/10=90%	7/10=70%	5/10=50%	7/10=70%	7/10=70%

其次检验降水偏少的年份。由表 2.6 可以看出,西太副高偏弱、东部高度场偏弱、印缅槽

偏弱使华西地区秋季降水达到负异常的概率分别为100%、83%、67%,对应效果较好,孟加拉湾偏西南暖湿气流偏弱、沿西太副高外围的偏东南暖湿气流偏弱、中纬度偏东水汽偏弱使秋季降水达到负异常的概率为100%,即当这三种水汽来源不向华西地区输送水汽时,易导致华西地区秋季降水偏少。在所选取的华西秋雨偏少的6年当中,6年(1987年、1991年、1993年、1997年、1998年和2002年)两者对应关系均较好,即在华西秋雨偏少时,青海省农业区和青南牧区大部分地区所对应的降水均偏少。

表2.6 华西秋雨偏少年主要指标及其与环流指数异常值的联系

年份	500 hPa				水汽来源		
	西太副高	东部高度场	印缅槽	贝加尔湖低槽	孟加拉湾	沿西太副高外围	中纬度偏东水汽
1987	−1	−1	−1	1	−1	−1	−1
1991	−1	−1	−1	0	−1	−1	−1
1993	−1	−1	0	0	−1	−1	−1
1997	−1	−1	−1	−1	−1	−1	−1
1998	−1	1	−1	−1	−1	−1	−1
2002	−1	−1	0	1	−1	−1	−1
	100%	5/6=83%	4/6=67%	2/6=33%	100%	100%	100%

注:1代表非常有利于降水偏多;0代表利于降水偏多;−1不利于降水偏多。

2.4.7 结论

(1)青海省秋季降水与华西秋雨均呈显著的年际变化,呈平稳增加趋势,近十年全省秋季降水偏多。华西秋雨与青海省东部和南部秋季降水的相关系数为0.43,显著正相关。

(2)影响青海省秋季降水的主要环流因子与华西秋雨一致,主要考虑大气环流、高原感热、水汽输送对降水的协同影响。高低层考虑了风场的辐散辐合;500 hPa考虑西太副高、印缅槽、贝湖低槽、东部高度场的共同作用;水汽输送主要考虑三条路径:孟加拉湾偏西南暖湿气流、沿西太副高外围偏东南气流、中纬度偏东气流。

(3)秋季降水偏强年,高空200 hPa为辐合,低空850 hPa为辐散,这种高低空配置有利于秋季产生降水;西太副高增强,乌拉尔山高压增强,印缅槽加深,水汽辐合,因而西太副高、乌拉尔山高压、印缅槽是秋雨的主要直接影响系统,印缅槽加深且副热带高压和乌拉尔山高压强时,有利于秋季降水偏多,反之,则不利于降水;与此同时,5月高原感热偏强不利于秋季降水偏多,孟加拉湾偏西南暖湿气流、沿西太副高外围的偏东南水汽是秋季主要水汽来源。

第3章 青海省冬半年气温异常特征和成因诊断

3.1 强降温次数变化特征及其成因

强降温天气是中国冬半年主要的灾害性天气,是一种大型天气过程,强降温天气过程容易造成大范围的剧烈降温、大风和雨雪天气,剧烈降温还能导致作物冻害、河港封冻、交通运输中断,大风对农业和渔业生产、航运等造成很大影响(张培忠 等,1999;王遵娅 等,2006;钱维宏 等,2007),严重的可酿成灾害,并给国民经济带来巨大的损失(魏凤英,2008;朱晨玉 等,2014)。青藏高原地区强降温天气过程的剧烈降温对越冬作物及畜牧业等的危害十分严重,有时甚至是毁灭性的。做好强降温天气发生和演变规律的研究工作,不仅能够提高强降温监测、预测预警和影响评估的技术水平,还能提升防灾减灾的气象服务能力,因此具有十分重要的意义。

在强降温领域的研究方面,余斌等(1992),李峰等(2006),谢永坤等(2014)对冷空气活动的源地和路径进行了模拟实验,王允等(2008),杨贵名等(2008),朱毓颖等(2013)研究了持续性低温事件环流异常的特征及成因,纪忠萍等(2007),张宗婕等(2012),张伟等(2016)对强冷空气爆发的预报信号和预报方法进行了总结,罗晓玲等(2012),万瑜等(2015),杨莲梅等(2016),郁淑华等(2017)分析了青藏高原周边典型强冷空气活动的特征及影响的物理机制,这些研究成果有助于我们认清青藏高原天气、气候系统基本的演变规律。

3.1.1 强降温次数的年代际变化规律

3.1.1.1 中等强度冷空气

1961—2015 年,青海省冬半年中等强度冷空气过程平均次数为 10.3 次,呈减少趋势(图 3.1),平均每 10 年减少 0.3 次,其中 1977 年为中等强度冷空气过程次数最多的一年,为 14.3 次,2007 年为最少的一年,为 5.6 次。平均次数与年份的相关系数值为 -0.26,相关系数值通过了 $\alpha=0.05$ 的显著性检验。这说明,青海省中等强度冷空气过程出现次数呈显著的减少趋势,这与 20 世纪 80 年代以来气温变暖的趋势比较一致,即暖日增多、冷日减少,单站达到中等强度冷空气过程标准的日数也相应减少。

20 世纪 60 年代至 21 世纪前 10 年,青海省冬半年中等强度冷空气过程平均次数经历了一个"多—少—多—少—少"的年代演变过程。2011—2015 年继续维持偏少的状况。

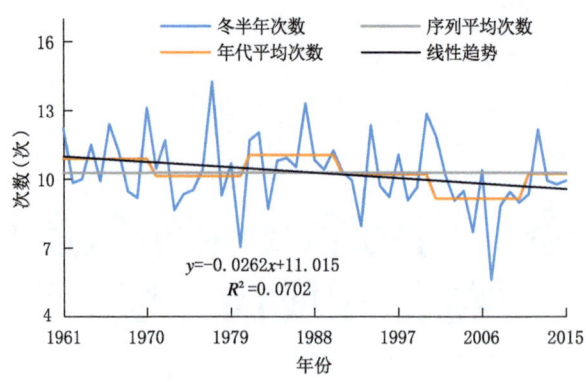

图 3.1　1961—2015 年青海省中等强度冷空气过程次数的年际变化曲线

3.1.1.2　强冷空气

1961—2015 年，青海省冬半年强冷空气过程平均次数为 4.7 次，呈减少趋势（图 3.2），平均每 10 年减少 0.2 次，其中 1977 年为强冷空气过程次数最多的一年，为 7.4 次，2007 年为最少的一年，为 2.1 次。平均次数与年份的相关系数值为 -0.27，相关系数值通过了 $\alpha=0.05$ 的显著性检验。这说明，青海省强冷空气过程出现次数呈显著的减少趋势，这与 20 世纪 80 年代以来气温变暖的趋势比较一致，即暖日增多、冷日减少，单站达到强冷空气过程标准的日数也相应减少。

20 世纪 60 年代至 21 世纪前 10 年，青海省冬半年强冷空气过程平均次数经历了一个 "多—少—多—平—少" 的年代演变过程。2011—2015 年继续维持偏少的状况。

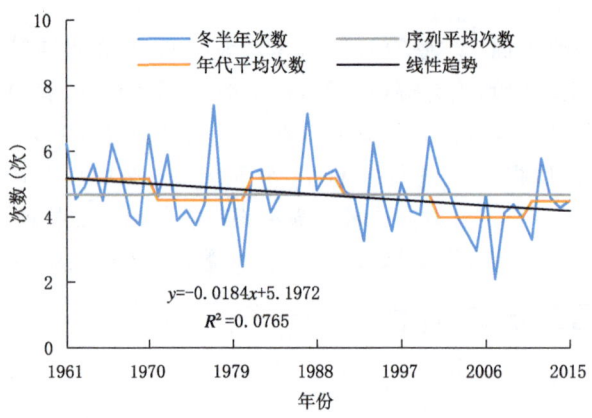

图 3.2　1961—2015 年青海省强冷空气过程次数的年际变化曲线

3.1.1.3　寒潮

1961—2015 年，青海省冬半年寒潮过程平均次数为 2.0 次，呈减少趋势（图 3.3），平均每 10 年减少 0.1 次，其中 1977 年为寒潮过程次数最多的一年，为 3.8 次，2007 年为最少的一年，为 0.8 次。平均次数与年份的相关系数值为 -0.31，相关系数值通过了 $\alpha=0.05$ 的显著性检验。这说明，青海省寒潮过程出现次数呈显著的减少趋势，这与 20 世纪 80 年代以来气温变暖的趋势比较一致，即暖日增多、冷日减少，单站达到寒潮过程标准的日数也相应减少。

20世纪60年代至21世纪前10年,青海省冬半年寒潮过程平均次数经历了一个"多—少—多—平—少"的年代演变过程。2011—2015年继续维持偏少的状况。

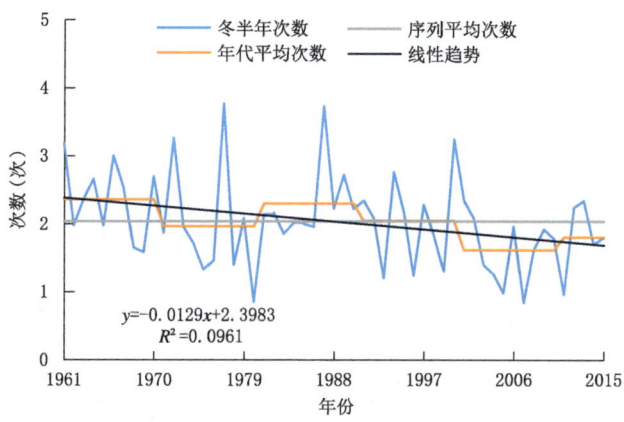

图3.3 1961—2015年青海省寒潮过程次数的年际变化曲线

3.1.2 强降温次数的空间变化规律

3.1.2.1 中等强度冷空气

从青海省中等强度冷空气过程次数的空间变化分布图来看(图3.4),称多清水河、冷湖、海晏为相对高值区域。中等强度冷空气过程年平均次数,柴达木盆地自西北向东南递减,东部地区自海晏向西北向东南递减,南部地区自甘德和称多清水河一线向北向南递减,南部和北部地区中等强度冷空气过程年平均次数的最大值分别为15.5次和18.4次,分别出现在称多清水河和海晏,最小值为3.8次,出现在五道梁。

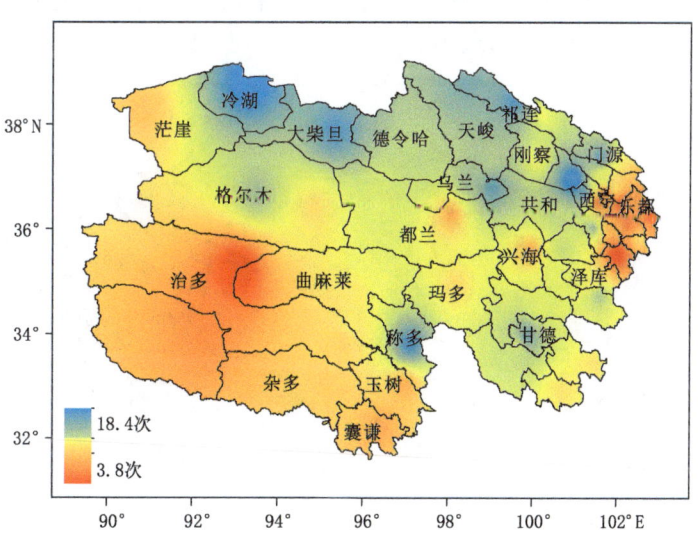

图3.4 青海省中等强度冷空气过程次数的空间变化分布图

3.1.2.2 强冷空气

从青海省强冷空气过程次数的空间变化分布图来看（图3.5），称多清水河、冷湖、海晏、甘德为相对高值区域。强冷空气过程年平均次数，北部地区自西北向东南递减，南部地区自甘德和称多清水河一线向南向北递减，南部和北部地区强冷空气过程年平均次数的最大值分别为9.3次和9.9次，分别出现在称多清水河和海晏，最小值为0.9次，出现在同仁。

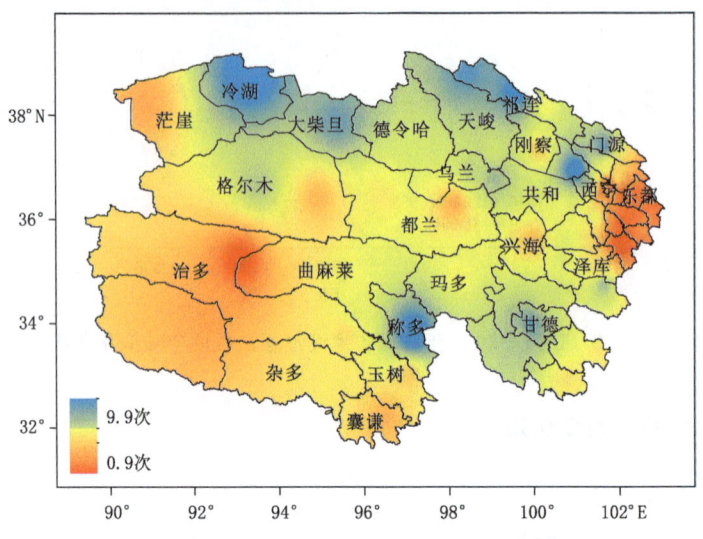

图3.5 青海省强冷空气过程次数的空间变化分布图

3.1.2.3 寒潮

从青海省寒潮过程次数的空间变化分布图来看（图3.6），称多清水河、冷湖、海晏、甘德为相对高值区域。寒潮过程年平均次数，北部地区自西北向东南递减，南部地区自甘德和称多清水河一线向南向北递减，南部和北部地区寒潮过程年平均次数的最大值分别为5.4次和4.9次，分别出现在称多清水河和海晏，最小值为0.2次，出现在同仁。

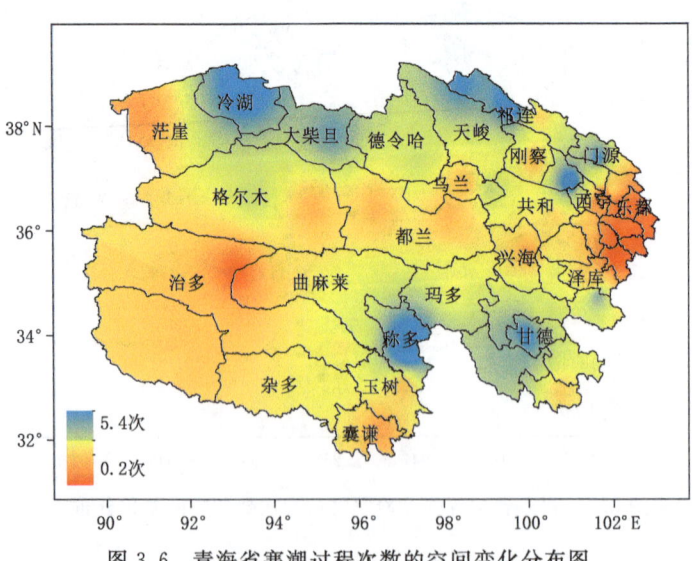

图3.6 青海省寒潮过程次数的空间变化分布图

3.1.3 强降温次数变化的成因

计算 1961—2015 年冷空气次数与 130 项环流特征因子(其中,850~30 hPa 高度场上的大气环流指数 88 项,大西洋、太平洋、印度洋海温的指数 26 项,太阳黑子等其他指数 16 项)之间的相关系数得出,1961—2015 年年冷空气次数与大西洋欧洲区极涡面积指数相关系数值为 0.31,通过了 $\alpha=0.05$ 的显著性检验。1971—2015 年冷空气次数与北半球极涡中心纬向位置指数、热带北大西洋海温指数、太阳黑子指数的相关系数值分别为 0.37、-0.30、0.29,均通过了 $\alpha=0.05$ 的显著性检验。1981—2015 年冷空气次数与北美区极涡强度指数、北半球极涡中心强度指数、太阳辐射通量指数、大西洋经向模海温指数之间的相关系数值分别为 0.33、-0.35、0.31、-0.36,均通过了 $\alpha=0.05$ 的显著性检验。

从 1961—2015 年冷空气年次数与环流因子的标准化曲线图看出,1961—2015 年大西洋欧洲区极涡面积指数(图 3.7a)、北半球极涡中心纬向位置指数(图 3.7b)、太阳黑子指数呈减小趋势(图 3.7d),而同期的年冷空气次数也呈减少趋势,上述这些曲线变化与冷空气次数曲线变化相向而行,这些因子逐年的减小导致了冷空气次数逐年的减少。1961—2015 年热带北大西洋海温指数(图 3.7c)、太阳辐射通量指数(图 3.7e)、大西洋经向模海温指数呈增大趋势(图 3.7f),上述这些曲线变化与冷空气次数曲线变化相背而行,这些因子逐年的增大导致了冷空气次数逐年的减少。

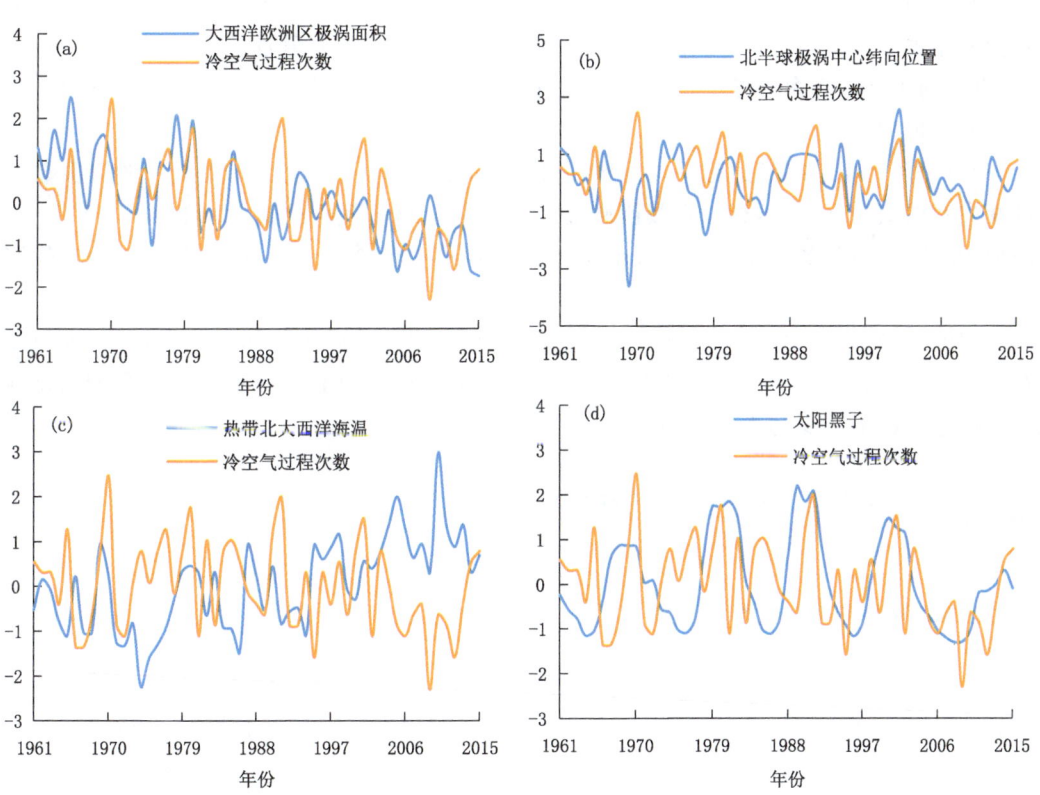

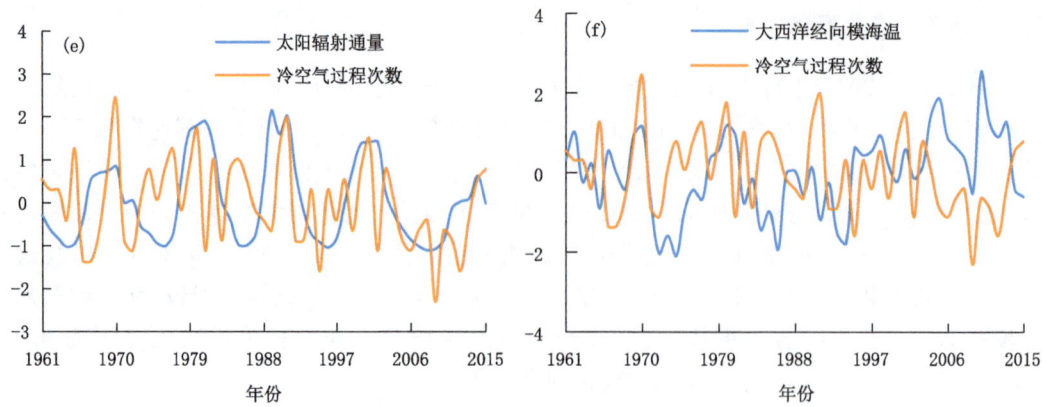

图 3.7　1961—2015 年冷空气年次数与环流因子的标准化曲线

3.1.4　结论

（1）青海省冬半年中等强度冷空气过程平均次数为 10.3 次，平均每 10 年减少 0.3 次。平均次数与年份的相关系数值为 −0.26，相关系数值通过了 $\alpha=0.05$ 的显著性检验。20 世纪 60 年代至 21 世纪前 10 年，青海省冬半年中等强度冷空气过程平均次数经历了一个"多—少—多—少—少"的年代演变过程。

（2）青海省冬半年强冷空气过程平均次数为 4.7 次，平均每 10 年减少 0.2 次。平均次数与年份的相关系数值为 −0.27，相关系数值通过了 $\alpha=0.05$ 的显著性检验。20 世纪 60 年代至 21 世纪前 10 年，青海省冬半年强冷空气过程平均次数经历了一个"多—少—多—平—少"的年代演变过程。

（3）青海省冬半年寒潮过程平均次数为 2.0 次，平均每 10 年减少 0.1 次。平均次数与年份的相关系数值为 −0.31，相关系数值通过了 $\alpha=0.05$ 的显著性检验。20 世纪 60 年代至 21 世纪前 10 年，青海省冬半年寒潮过程平均次数经历了一个"多—少—多—平—少"的年代演变过程。

（4）1961—2015 年大西洋欧洲区极涡面积指数、北半球极涡中心纬向位置指数、太阳黑子指数减小以及热带北大西洋海温指数、太阳辐射通量指数、大西洋经向模海温指数增大是导致全区年冷空气次数减少的主要成因之一。

3.2　强降温强度变化特征及其成因

3.2.1　强降温强度的年代际变化规律

3.2.1.1　中等强度冷空气

1961—2015 年，青海省冬半年中等强度冷空气过程平均强度为 7.5，呈减弱趋势（图 3.8），平均每 10 年减弱 0.1，减弱趋势不明显。其中 1972 年和 1987 年为中等强度冷空气过程强度最强的两年，为 8.7，2007 年为最弱的一年，为 5.2。

20 世纪 60 年代至 21 世纪前 10 年，青海省冬半年中等强度冷空气过程平均强度经历了一个"强—弱—强—强—弱"的年代演变过程。2011—2015 年继续维持偏弱的状况。

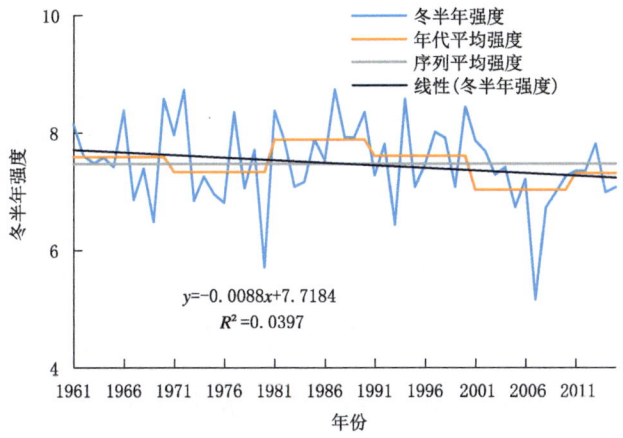

图 3.8　1961—2015 年青海省中等强度冷空气过程强度的年际变化曲线

3.2.1.2　强冷空气

1961—2015 年，青海省冬半年强冷空气过程平均强度为 5.7，呈减弱趋势（图 3.9），平均每 10 年减弱 0.2，减弱趋势不明显。其中 1987 年为强冷空气过程强度最强的一年，为 7.9，2007 年为最弱的一年，为 3.1。

20 世纪 60 年代至 21 世纪前 10 年，青海省冬半年强冷空气过程平均强度经历了一个"强—弱—强—强—弱"的年代演变过程。2011—2015 年继续维持偏弱的状况。

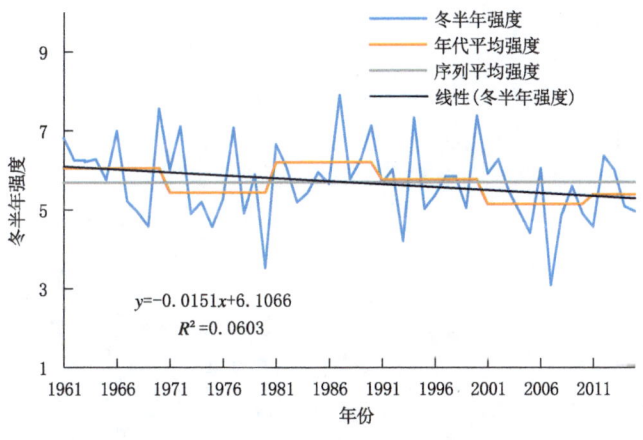

图 3.9　1961—2015 年青海省强冷空气过程强度的年际变化曲线

3.2.1.3　寒潮

1961—2015 年，青海省冬半年寒潮过程平均强度为 3.5，呈减弱趋势（图 3.10），平均每 10 年减弱 0.2，平均强度与年份的相关系数值为 -0.28，相关系数值通过了 $\alpha=0.05$ 的显著性检验。这说明，寒潮过程强度呈显著的减弱趋势。其中 1987 年为寒潮过程强度最强的一年，为 6.0，1980 年和 2007 年为最弱的两年，均为 1.6。

20 世纪 60 年代至 21 世纪前 10 年，青海省冬半年寒潮过程平均强度经历了一个"强—

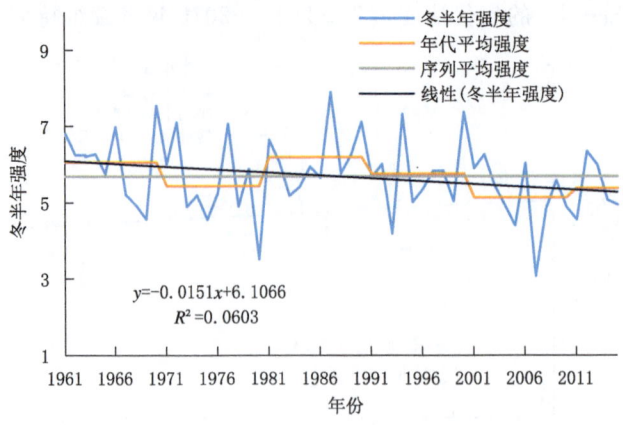

图 3.10　1961—2015 年青海省寒潮过程强度的年际变化曲线

弱—强—强—弱"的年代演变过程。2011—2015 年继续维持偏弱的状况。

3.2.2　强降温强度的空间变化规律

3.2.2.1　中等强度冷空气

从青海省中等强度冷空气过程强度的空间变化分布图(图 3.11)可以看出,称多清水河、冷湖为相对高值区域。中等强度冷空气过程年平均强度,柴达木盆地自西北向东南递减,东部地区自海晏向西北向东南递减,南部地区自甘德和称多清水河一线向北向南递减,南部和北部地区中等强度冷空气过程年平均强度的最大值分别为 11.2 和 9.4,分别出现在称多清水河和海晏,最小值为 3.9,出现在同仁。

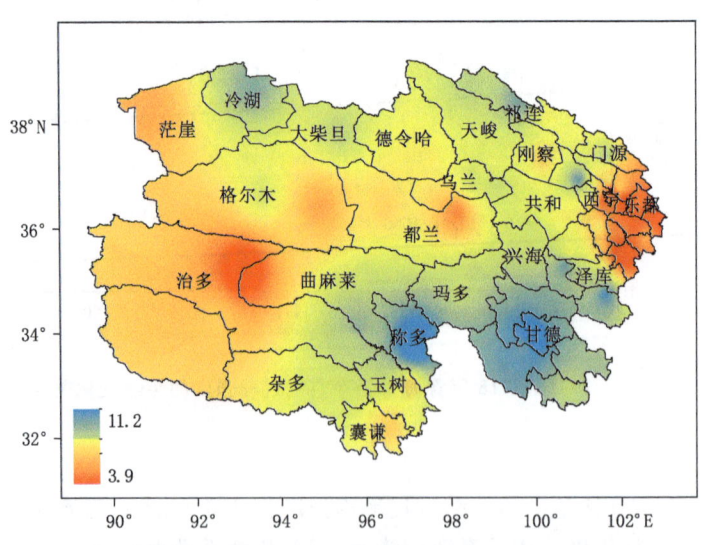

图 3.11　青海省中等强度冷空气过程强度的空间变化分布图

3.2.2.2　强冷空气

从青海省强冷空气过程强度的空间变化分布图(图 3.12)可见,称多清水河、冷湖、甘德为相对高值区域。强冷空气过程年平均强度,柴达木盆地自西北向东南递减,东部地区自海晏向西北向东南递减,南部地区自甘德和称多清水河一线向北向南递减,南部和北部地区强冷空气过程年平均强度的最大值分别为10.9和9.4,分别出现在称多清水河和海晏,最小值为1.5,出现在同仁。

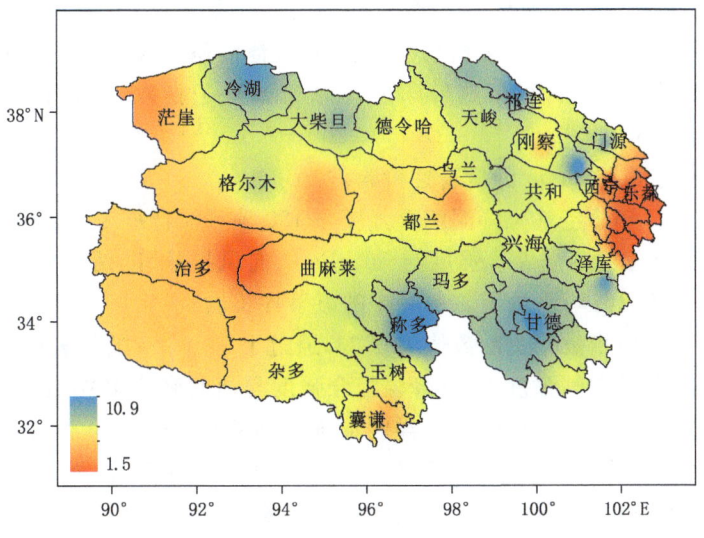

图3.12 青海省强冷空气过程强度的空间变化分布图

3.2.2.3 寒潮

从青海省寒潮过程强度的空间变化分布图(图3.13)可见,称多清水河、冷湖、甘德为相对高值区域。寒潮过程年平均强度,柴达木盆地自西北向东南递减,东部地区自海晏向西北向东南递减,南部地区自甘德和称多清水河一线向北向南递减,南部和北部地区寒潮过程年平均强度的最大值分别为9.3和7.4,分别出现在称多清水河和海晏,最小值为0.5,出现在同仁。

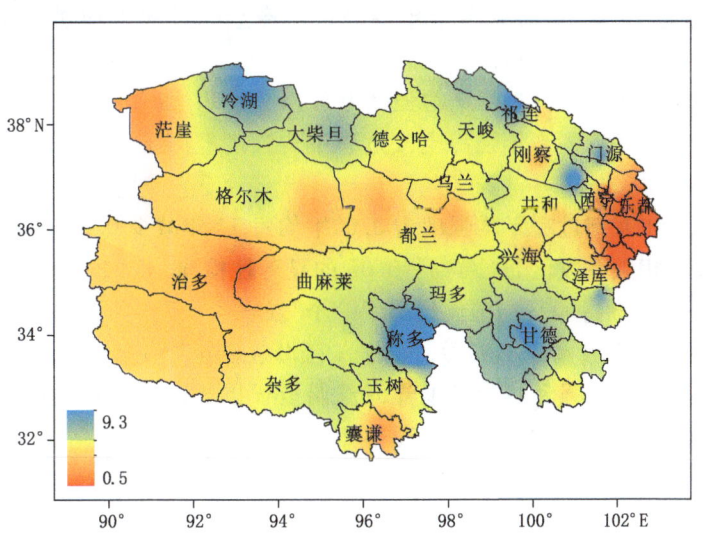

图3.13 青海省寒潮过程强度的空间变化分布图

3.2.3 强降温强度变化的成因

计算 1961—2015 年冷空气强度与 130 项环流特征因子之间的相关系数得出,1961—2015 年年冷空气强度与北大西洋副高面积指数、北大西洋副高强度指数、西太副高西伸脊点指数、西藏高原 A 指数、西藏高原 B 指数、东大西洋遥相关型指数、Niño A 区海表温度距平指数、印度洋暖池面积指数、印度洋暖池强度指数、西太平洋暖池面积指数、西太平洋暖池强度指数、热带印度洋全区一致海温模态指数、热带印度洋海温偶极子指数之间的相关系数值分别为 -0.26、-0.27、-0.35、-0.35、-0.37、-0.28、-0.27、-0.28、-0.26、-0.27、-0.29、-0.27、0.32,均通过了 $\alpha=0.05$ 的显著性检验。

计算 1961—2015 年冷空气强降温综合强度与 130 项环流特征因子之间的相关系数得出,1961—2015 年年冷空气强降温综合强度与 30 hPa 纬向风指数、准两年振荡指数之间的相关系数值分别为 0.31、0.32,均通过了 $\alpha=0.05$ 的显著性检验。1981—2015 年冷空气强降温综合强度与 50 hPa 纬向风指数相关系数值为 0.33,通过了 $\alpha=0.05$ 的显著性检验。

从 1961—2015 年冷空气强度、年强降温综合强度与西藏高原 B 指数(图 3.14a)、Niño A 区海表温度距平指数(图 3.14b)、西太平洋暖池强度指数(图 3.14c)、欧亚径向环流指数(图 3.14e)的标准化曲线图看出,1961—2015 年冷空气强度呈减弱趋势,而 4 个环流因子指数曲线均呈增强趋势,上述这些环流因子的增强导致了全区冷空气强度的减弱。1961—2015 年冷空气强度、年强降温综合强度与热带印度洋海温偶极子指数(图 3.14d)、30 hPa 纬向风指数(图 3.14f)、准两年振荡指数(图 3.14g)、50 hPa 纬向风指数(图 3.14h)呈减弱趋势,而同期的冷空气强度也呈减弱,上述这些曲线变化与冷空气强度曲线变化相向而行,这些因子的减弱也导致了冷空气强度的减弱。

3.2.4 结论

(1)青海省冬半年中等强度冷空气过程平均强度为 7.5,平均每 10 年减少 0.1。20 世纪 60 年代至 21 世纪前 10 年,青海省冬半年中等强度冷空气过程平均强度经历了一个"强—弱—强—强—弱"的年代演变过程。

(2)青海省冬半年强冷空气过程平均强度为 5.7,平均每 10 年减少 0.2。20 世纪 60 年代至 21 世纪前 10 年,青海省冬半年强冷空气过程平均强度经历了一个"强—弱—强—强—弱"的年代演变过程。

(3)青海省冬半年寒潮过程平均强度为 3.5,平均每 10 年减少 0.2。平均次数与年份的相关系数值为 -0.28,相关系数值通过了 $\alpha=0.05$ 的显著性检验。20 世纪 60 年代至 21 世纪前 10 年,青海省冬半年寒潮过程平均强度经历了一个"强—弱—强—强—弱"的年代演变过程。

(4)1961—2015 年西藏高原 B 指数、Niño A 区海表温度距平指数、西太平洋暖池强度指数、欧亚径向环流指数的增强和热带印度洋海温偶极子指数、30 hPa 纬向风指数等因子减弱是导致年冷空气强度减弱的主要原因之一。

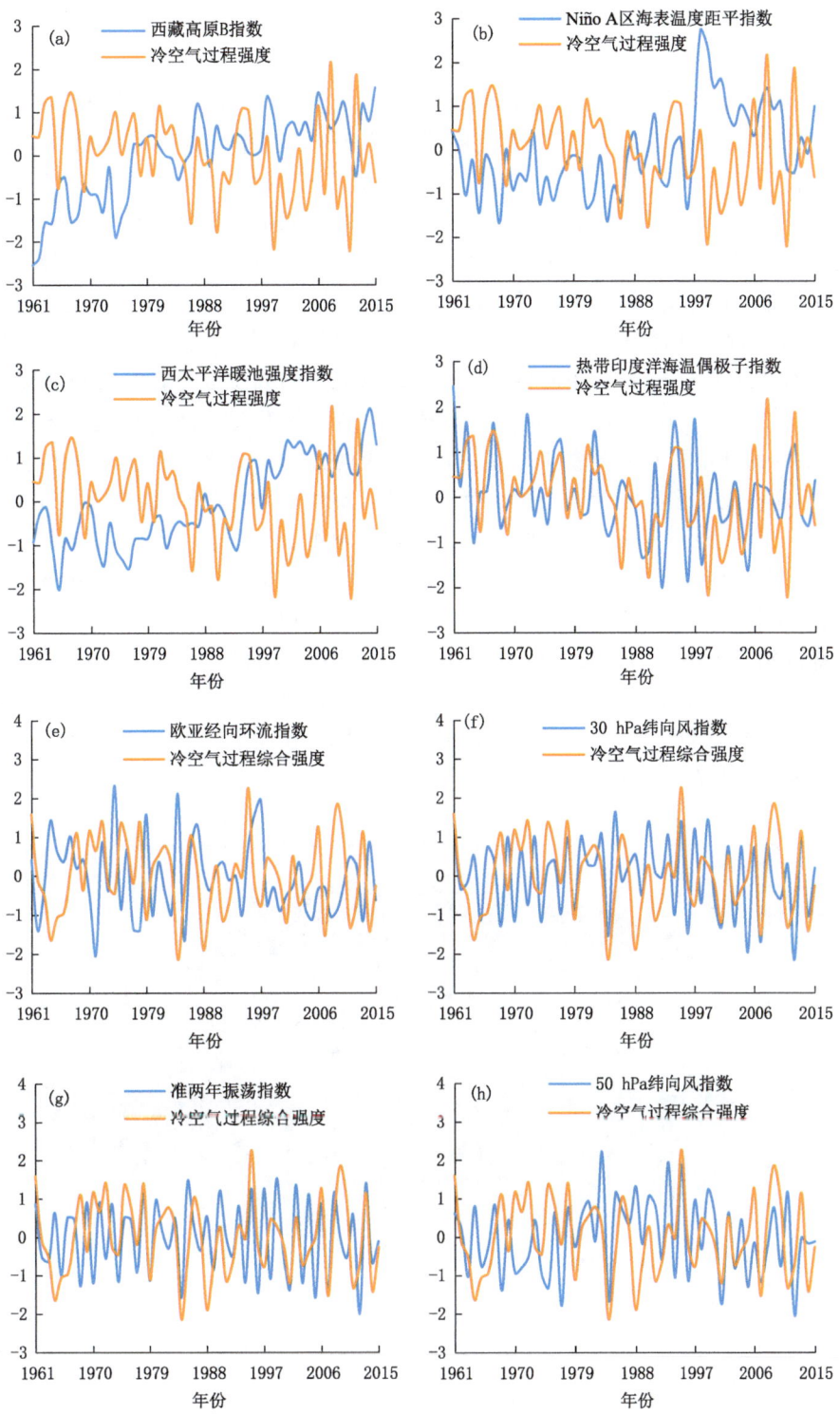

图 3.14 1961—2015 年冷空气年强度、年强降温综合强度与环流因子的标准化曲线

3.3 区域持续性低温事件变化特征

21世纪以来,青藏高原地区增暖趋势比其他地区显著,表现得更敏感(韩国军 等,2011;张人禾 等,2015;Dong et al.,2016),致使极端气候事件的频率和强度有所增加(赵雪雁 等,2014;冯晓莉 等,2016)。由于极端气候事件的突发性和破坏性难以预测(黄浩 等,2020;杨金虎等,2017),如2008年冬季低温雨雪天气及2018年冬季强降雪事件,给农牧业生产以及国民经济造成了巨大的损失,这些异常事件对生态系统的影响引起了众多学者对持续性低温过程浓厚的研究兴趣(王晓娟 等,2013;刘宪锋 等,2014;孙华 等,2015;杨贵名 等,2009;Bao et al.,2010)。针对持续性低温事件的研究,众多学者从低温事件的客观识别、影响范围的空间型分布等方面开展了大量研究(王晓娟 等,2013;Gao,2009;龚志强等,2012;杨莲梅 等,2016;陈官军 等,2017),总结了全国不同分布型低温事件的特征及关键影响环流系统和外强迫条件,对延伸期内的预报具有重要参考价值,同时也表明持续性低温事件的区域性特征较为显著,但已有的这些成果多半是针对中国大范围的低温事件,不能完全反映高原东北部区域低温事件特征,在日常气象预报服务中不能满足区域气象预报服务需求。因此,需要用更多观测资料细致地分析全球变暖背景下高原东北部持续性低温事件的分布规律,并寻找低温事件发生的异常信号、研制低温过程的延伸期预报方法,是做好预报服务亟须的一项工作。

青海省自然景观多样,有祁连山国家公园和三江源国家公园,是我国重要生态屏障区的重要组成部分(图3.15)。因此,在气候变暖背景下,研究青藏高原东北部持续性极端低温事件的分布特征以及与极端气候指数的关联,以期为该区域农牧业生产、气象灾害预警以及进一步提升生态气象服务保障能力提供一定的参考依据。

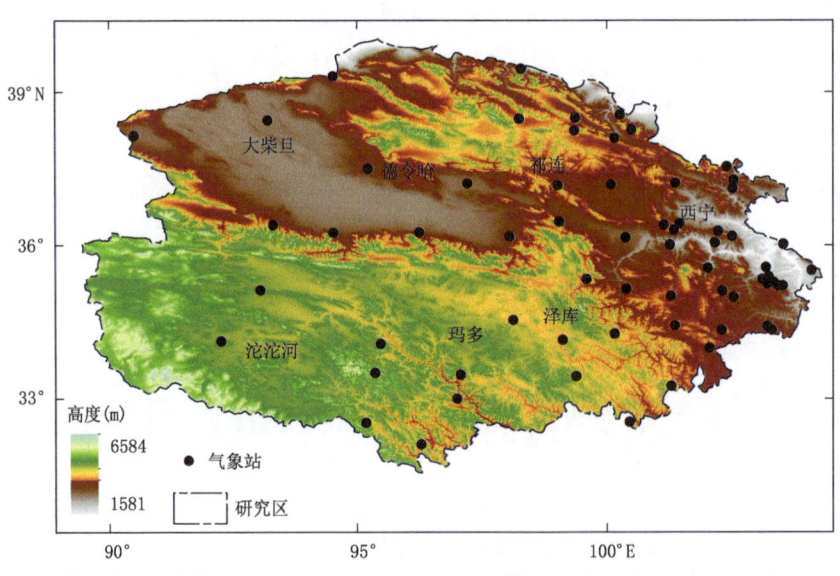

图3.15 研究区概况

3.3.1 资料与方法

3.3.1.1 数据来源

(1)气温资料来自青海省和甘肃省信息中心提供的青藏高原东北部 68 个气象站,主要为 1960—2020 年 3—12 月的逐日最低气温数据,数据中经过了均一化质量控制,满足三性要求。

(2)大气变量采用 NCEP/NCAR 再分析逐日格点资料(Kalnay et al.,1996),水平分辨率为 2.5°×2.5°,垂直分辨率为 17 层,所用的物理量为 500 hPa 位势高度场、700 hPa 温度场和风场。环流因子数据采用国家气候中心的 74 项环流指数;高原加热场、西伯利亚高压采用文献(申红艳 等,2012b)中的方法计算。

3.3.1.2 研究方法

(1)区域持续性低温事件的定义

参考 Zhang 等(2011)的定义,根据逐日最低气温资料,对单站取某日及其前后各 5 d 的最低气温相连,得到 11 d×60 a=660 d 的序列,按升序排列,取 10% 百分位值作为判断该站点该日是否发生极端低温事件的标准,当日最低气温连续 5 d 低于阈值或连续 7 d 中有 5 d 或以上为低温日,且期间只允许连续发生一天间断(即日最低气温大于阈值的日),则认为该站发生了一次持续性异常低温过程。当在同一时段内至少 5 d 有相邻 10 站同时发生单站持续低温事件时,定义为一次区域持续性低温事件。根据此定义得到了 32 次持续性低温事件(表 3.1)。

表 3.1 1961—2019 年冬季的区域性极端低温事件主要指标及其与海温、环流指数异常值的联系

开始日期	持续天数(d)	极涡面积	极涡强度	东亚槽位置	东亚槽强度	高原高度场	印缅槽	北极涛动	西太平洋遥相关型指数	NINO 3.4 海温	高原加热场	西伯利亚高压	冬季风
1961-02-11	7	0	0	0	0	1	1	−1	0	0	1	0	0
1961-12-05	8	0	−1	0	1	1	1	0	−1	0	0	−1	0
1962-11-25	11	1	−1	0	−1	1	1	1	−1	0	0	−1	1
1962-12-29	19	0	0	1	0	−1	1	1	1	1	0	0	0
1963-10-12	8	1	0	1	0	0	1	1	0	0	0	0	0
1963-12-22	5	0	1	0	0	1	1	1	−1	−1	1	−1	−1
1964-01-27	7	0	−1	0	1	1	0	−1	0	0	−1	0	−1
1965-10-12	7	1	1	−1	0	0	1	1	0	0	0	0	0
1967-01-01	5	−1	0	−1	−1	0	0	0	0	0	0	0	0
1967-11-28	6	−1	−1	1	0	0	0	0	0	0	0	0	0
1968-02-06	5	0	−1	0	1	1	1	−1	0	0	0	0	0
1968-02-17	5	−1	0	1	0	1	1	1	0	0	0	0	0
1969-11-29	6	−1	−1	1	1	0	0	0	0	0	0	0	0
1971-01-29	11	0	1	0	0	1	0	0	0	1	0	0	−1
1972-10-20	9	0	1	1	−1	1	−1	−1	−1	−1	1	1	1

续表

开始日期	持续天数(d)	极涡面积	极涡强度	东亚槽位置	东亚槽强度	高原高度场	印缅槽	北极涛动	西太平洋遥相关型指数	NINO 3.4海温	高原加热场	西伯利亚高压	冬季风
1972-11-15	6	0	0	−1	−1	1	0	0	−1	−1	−1	0	0
1975-12-08	15	0	−1	0	0	1	1	−1	−1	1	−1	−1	1
1976-11-16	12	1	1	0	−1	0	0	0	0	0	0	−1	1
1979-11-17	8	−1	0	1	−1	1	−1	−1	1	−1	−1	−1	0
1980-02-02	6	0	−1	−1	0	0	0	0	0	0	0	0	0
1981-10-21	5	0	−1	0	−1	1	−1	1	−1	0	−1	−1	1
1981-12-18	5	−1	0	0	1	0	−1	0	0	0	0	1	0
1982-11-28	6	0	−1	−1	0	0	0	−1	0	−1	0	0	−1
1991-12-27	8	0	0	0	0	0	1	0	0	0	0	0	−1
1992-11-08	5	−1	0	0	−1	−1	−1	1	0	0	−1	−1	0
1993-1-14	14	0	0	−1	1	0	0	−1	0	0	0	0	0
1995-01-02	6	−1	−1	0	0	0	0	0	0	0	0	0	0
1996-12-09	5	−1	0	−1	0	0	0	−1	0	0	0	0	−1
2002-01-13	5	−1	0	0	1	−1	0	0	0	0	0	−1	−1
2004-02-03	6	−1	−1	−1	−1	−1	−1	0	0	0	1	−1	−1
2008-01-26	14	1	−1	0	−1	−1	1	−1	1	0	0	−1	1
2009-11-16	7	−1	−1	1	0	0	−1	−1	1	−1	0	−1	0
(正异常态＋正常态)/正异常态		21/5	18/8	20/5	17/4	29/17	25/14	16/6	21/6	19/3	16/8	16/8	21/12

注：1表示正异常态，对区域性低温事件正贡献；0表示与1符号一致的正常态；−1表示负异常态，对区域性低温事件负贡献。

(2) 综合强度指数 CI 定义

参照钱维宏(2012)的研究，综合强度指数 CI 定义如下：

$$CI_j = ID_j + IE_j - II_j \tag{3.1}$$

式中，CI_j 表示第 j 次持续性低温事件的综合强度指数；ID_j、IE_j 和 II_j 分别为第 j 次事件标准化的持续性时间指数、影响范围指数和低温强度指数。

3.3.2 区域持续性低温事件的分布及其环流特征

利用区域持续性低温事件的判断方法对青藏高原东北部 1960—2020 年当年 10 月至次年 2 月的逐日最低气温进行判断，共计算得到区域性极端低温事件 32 次（表 3.1）。按照表 3.1 中所给出的低温事件计算各站点出现频率。图 3.16 是各站点出现低温的频率，从中可以看出，频率高的区域主要集中在 35°N 以北，频率大于 30% 的区域分布在 100°E 以东的农业区。南部站点出现低温事件的频率主要在 10% 以下。

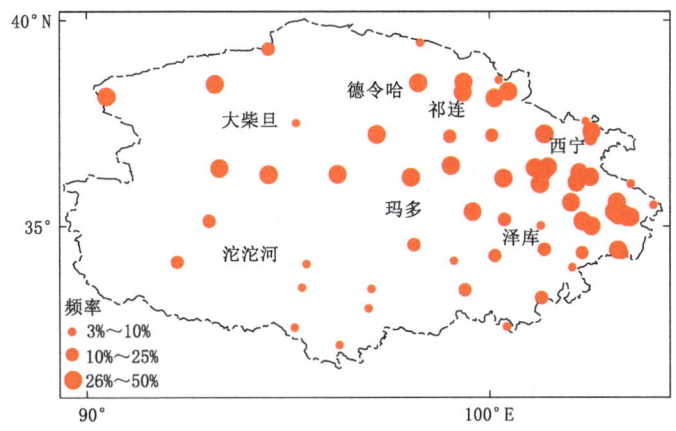

图3.16 各站点出现持续性低温事件的频率分布

由于青藏高原东北部天气气候变化直接受到北半球中高纬度环流系统变化的影响,因此为了进一步分析区域低温事件对应的环流特征,这里对持续性低温发生期500 hPa高度场、700 hPa风场及温度场进行了合成分析。从图3.17可以看出,环流特征主要反映在以40°N为分界线的经向反位相环流异常上,高层500 hPa位势高度场正异常中心和低层700 hPa温度场暖异常中心主要集中在45°~65°N范围内的西伯利亚地区,相反的,高层负异常中心和低层冷异常中心主要集中在30°~45°N范围内的中国中北部地区,我国大部主要受到高纬度的反气旋环流的前部的偏北气流影响。进一步分析可知,正是由于这种环流特征的出现与维持是造成低温事件的主要原因,这与阻高系统的崩溃造成的2~3 d的典型寒潮系统不同(陈官军 等,2017)。

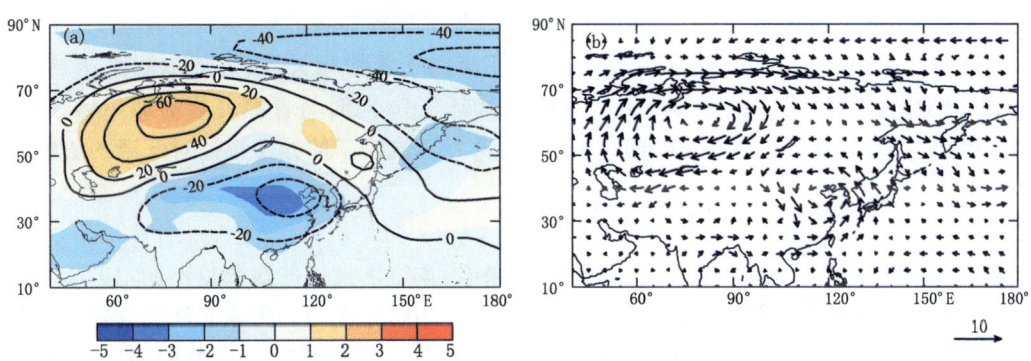

图3.17 低温事件发生期700 hPa温度场异常分布(色阶,单位:K)和500 hPa位势高度场异常(等值线,单位:gpm)(a)和700 hPa风场(矢量,单位:m/s)(b)

3.3.3 区域持续性低温事件的个例分析

在以区域持续性低温事件为整体研究对象分析后,这里以典型个例为着手点,进一步了解大气和海洋的耦合特征。选取了32个低温事件中综合强度指数最大的2次事件,分别为发生在1975年12月8—22日和2008年1月26日至2月8日低温事件,这两次低温事件的综合强度指数分别为7.2、4.5,持续时间均在10 d以上,从图3.18可以看出过程最大累计降温程度均在 30 ℃ 以上。

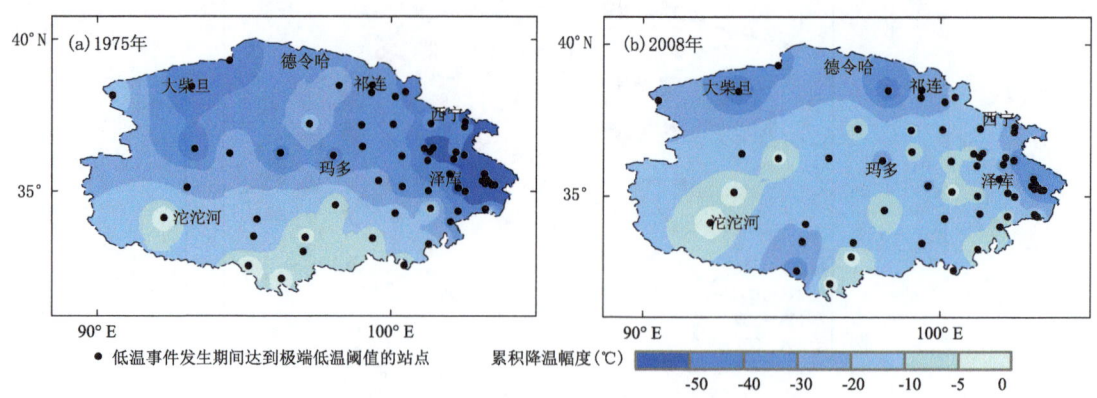

图 3.18　两次典型低温事件开始发生的最大影响范围的站点分布

根据学者的研究,1975 年和 2008 年冬季属于中等强度的 La Niña 事件,根据已有的研究(王晓娟 等,2013;何溪澄 等,2007;陈文 等,2018):强 La Niña 事件发生的当年冬季,亚洲中高纬经向型环流较强,容易在极区形成高压脊,有利于冷空气南下,造成中国中北部大部分地区气温偏低。

从图 3.19 可以看出,1975 年和 2008 年的低温事件的演变特征相同之处在于两次低温事件的低频环流均表现为由西北向东南传播的波列形态,存在北高南低环流形势的维持,这有利于冷空气持续活跃,并南下影响我国。同时,青藏高原地区是一个明显的负异常中心。不同之处表现在高层 500 hPa 高度场正异常中心和负异常中心的纬度位置有所不同,同时低层 700 hPa 北风分量向南延伸的强度也不同;1975 年正异常中心主要在乌拉尔山地区附近,有利于乌拉尔山阻高形成,2008 年的正异常中心主要在贝加尔湖地区。

由此可以看出,500 hPa 高度场有关的各种环流因子密切相关,如贝加尔湖高压、极涡面积、北极涛动指数 AO 对区域性的低温事件发生影响不小,同时与青藏高原的加热场、海温相关的 Niño 3.4 海温指数也有关,需要进一步了解这些环流因子的异常特征对低温的影响。

3.3.4　区域性低温事件的影响因素分析

从表 3.1 中 32 个低温事件发生的时间特征来看,季节内发生的次数也不同,10 月、11 月、12 月、1 月、2 月发生低温次数分别为 4 次、9 次、7 次、7 次、5 次,11 月至 1 月次数较高。1998 年以后发生了 4 次低温事件,1998 年之前有 18 次,这与全球增暖有一定的联系(王晓娟 等,2013)。这里应用概率统计的方法,重点揭示各类气候指标的极端性与发生区域性极端低温事件的联系。

表 3.1 中各气候指数的极端性分别用符号"1""0"和"-1"表示。"0"和"1"状态表示气候指数的异常状态有利于低温的出现,其中"1"表示气候指数达到了 0.5 倍标准差异常状态,"0"表示正常态;符号"-1"表示指数的符号相反的,即不利于低温的出现。从中可以看出,东亚槽位置偏西、高原高度场异常偏低、印缅槽强度偏强、西太平洋遥相关型指数偏强和冬季风指数偏强的异常情况与区域性极端低温事件的对应关系较好。考虑符号一致情况下,正异常的概率百分比均超过了 60%;亚洲区极涡强度偏强、东亚槽强度偏强、北极涛动指数、高原加热场、

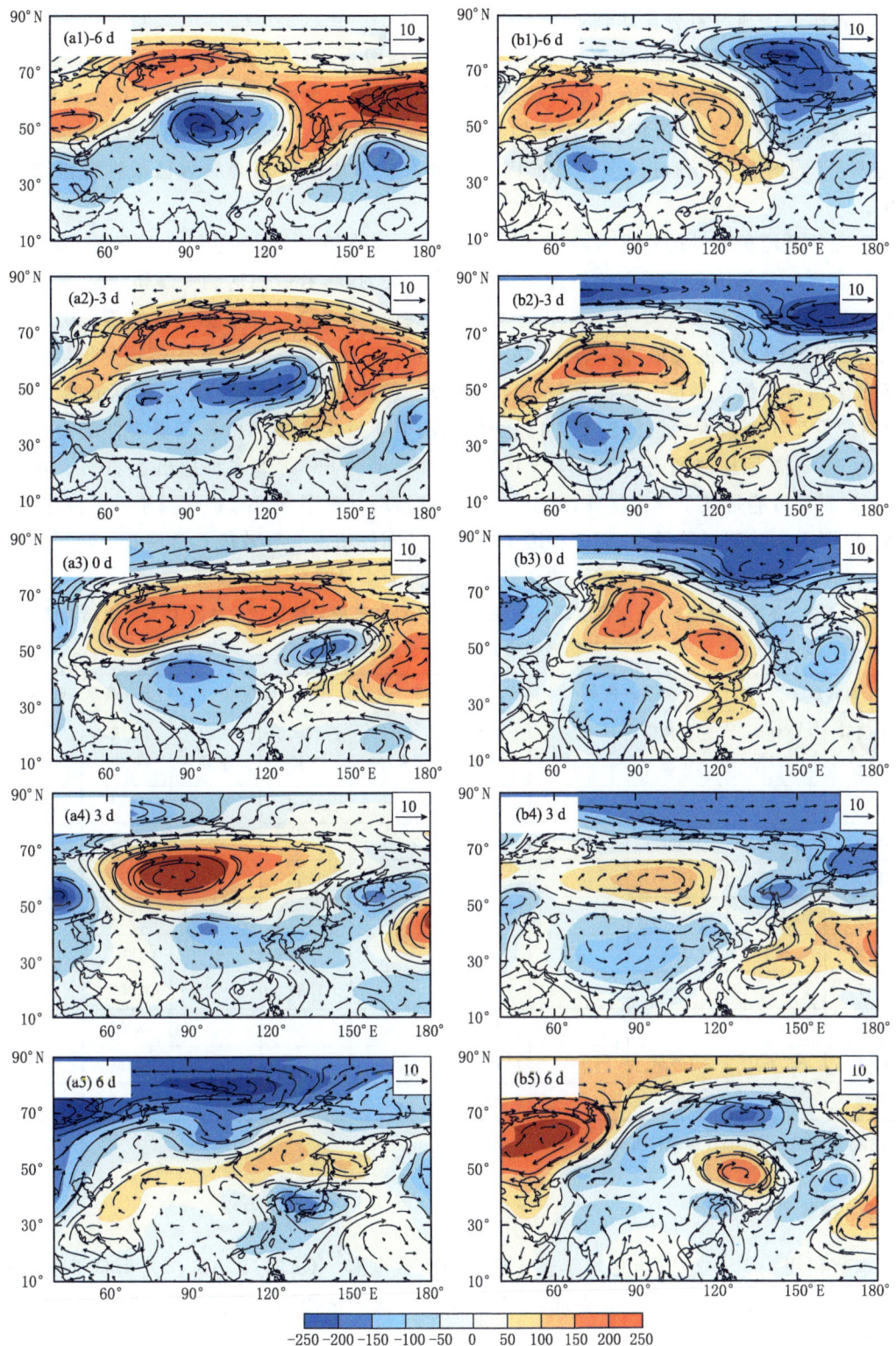

图 3.19　500 hPa 位势高度场异常(色阶,单位:gpm)和 700 hPa 风场异常分布(矢量,单位:m/s)
(a1～a5 依次为 1975 年低温发生前 6 d、前 3 d、当天、后 3 d、结束日;b1～b5 类似,但为 2008 年)

西伯利亚高压的概率百分比达到了50%。

综合以上分析，La Niña海温背景下，北极涛动指数为负位相，有利于极涡偏强，欧亚中高纬度500 hPa高度场以北正南负的环流型为主，相应的乌拉尔山阻高和贝加尔湖阻高偏强、东亚槽偏西偏强、中低纬度区域受负距平控制、高原高度场偏低，这些都利于区域性极端低温事件的发生，同时也可以看出，多种气候因素的异常状态协同作用必导致区域性低温事件的发生。

下面从环流极端性的角度理解区域性极端事件，选取极涡、高原高度场、印缅槽、北极涛动指数和高原加热场这些不同影响机理的指数作为研究对象，看他们达到气候异常时，是否对应的有区域性极端低温事件发生。这里气候指数的极端性判定标准根据王晓娟等(2013)的研究，采取15%(85%)的阈值进行划分。表3.2给出了五种指数的冬季平均值达到极端阈值情况下低温事件的发生情况。极涡指数、高原高度场、印缅槽、北极涛动指数达到阈值的9年中，6年对应发生了区域性极端低温事件，达到极端阈值年发生区域性极端低温事件的百分率分别均为67%，高原加热场则8年对应5年发生，百分率为63%，基本都超出了60%。由此可知，一方面有可能是某个起主导作用的单因子达到极端异常引起区域性低温事件的发生，另一方面，单因子未达到极端异常，而多种因子异常的共同作用也会导致极端事件发。预报服务业务中有可能从主要影响因子极端性的角度对区域低温事件进行预报服务。

表3.2 冬季极涡强度、高原高度场、印缅槽、北极涛动和高原加热场指数达到15%的极端阈值与区域性极端低温事件的对应关系

极涡强度		高原高度场		印缅槽		北极涛动		高原加热场	
达到阈值年份	对应事件	达到阈值年份	对应事件	达到阈值年份	对应事件	达到阈值年份	对应事件	达到阈值年份	对应事件
1965	√	1961	√	1961	√	1962	√	1961	√
1968	√	1962	√	1962	√	1965	√	1962	√
1970		1963	√	1964	√	1968	√	1963	√
1971	√	1967	√	1967	√	1969		1965	√
1972	√	1968	√	1970		1976	√	1967	√
1977		1970		1971	√	1984		2007	
1978		1973		1973		1985		2011	
1993	√	1974		1974		2000		2012	
1996	√	1975	√	1975	√	2009	√	—	

注：√表示这一年出现了区域性极端低温事件。

3.3.5 结论

本节利用1960—2020年冬半年逐日最低温度数据和NCEP/NCAR再分析日平均资料，根据一定的判定标准识别出了青藏高原东北部的32次区域持续性低温事件，并对其进行了研究。得出以下结论：

(1)区域持续性低温事件主要集中在气候变暖前，低温事件发生的密集区主要集中在东部农业区。

(2)青藏高原东北部低温事件发生期环流特征主要反映在以 40°N 为分界线的经向反位相环流异常上,高层高度场正异常中心和低层温度场暖异常中心主要集中在 45°～65°N 的西伯利亚地区,高层负异常中心和低层冷异常中心主要集中在 30°～45°N。不同类型低温事件环流差异主要表现在高层 500 hPa 高度场正异常中心和负异常中心的纬度位置以及 700 hPa 北风分量向南延伸的强度。

(3)东亚槽位置偏西、高原高度场异常偏低、印缅槽强度偏强、西太平洋遥相关型指数偏强和冬季风指数偏强等气候指数的异常情况与区域性极端低温事件有较好的对应关系。极涡指数、高原高度场、印缅槽、北极涛动指数、高原加热场五种指数的冬季平均值达到 15%(或 85%)极端阈值的年份中,发生区域性极端低温事件的百分率均超过 60%。因此可以从这些因子极端异常的角度出发,为低温事件的预测服务研究等提供一定的依据。

第 4 章　青海省雪灾异常特征和成因诊断

在全球变暖背景下,天气气候灾害的突发性、频发性与持续性呈加剧趋势,其成因亦变得日趋复杂(丁一汇,2013)。青藏高原是我国主要的牧业区,地广人稀,生态环境十分脆弱,雪灾是高原最主要、影响最广、破坏力最大的气象灾害,长期以来严重制约着当地牧业生产的发展和民族地区经济的振兴(高懋芳 等,2011)。雪灾发生时,由于降雪量大,地面积雪深,加之气温低,雪面冻结,往往造成大批牲畜死亡,使牧区财产遭受重大损失(梁潇云 等,2002)。如1985 年 10 月 7—20 日,青南牧区 25 万 km² 的地区发生雪灾,唐古拉一带积雪厚度达 50~100 cm,气温骤降至 −42~−24 ℃,雪灾造成 193 万(只)牲畜死亡,使 3000 多户牧民绝畜,经济损失 1.2 亿元(温克刚 等,2007)。2018/2019 冬季青南牧区发生重大雪灾,特大灾站次列 1961 年以来第 1 位。

4.1　雪灾的变化特征

根据刘彩红等(2020)研究,综合采用气象观测的积雪深度和积雪日数来定义雪灾指数。目的是采用时间尺度来探究单站雪灾过程的次数,不考虑强度分级。基于此,分别采用两种情景表示长时间积雪和强降雪型的雪灾过程:

长时间积雪型雪灾定义指标:

$$T>10 \text{ d 且 } D \geqslant 2 \text{ cm} \tag{4.1}$$

强降雪量型雪灾定义指标:

$$T \geqslant 5 \text{ d 且 } D \geqslant 5 \text{ cm} \tag{4.2}$$

式中,T 为积雪持续的天数,D 为日积雪深度。当单站积雪状态达到其中任何一个情景,记为一次雪灾。即研究基于单站空间尺度和日时间尺度来计算雪灾发生的频数。对于跨月的雪灾过程,规定以某站某月内有一次雪灾过程的起始日为准,雪灾频数计入本月。

图 4.1 统计了 1978—2014 年冬半年青海省雪灾频数。由图 4.1 可知,青海省年平均雪灾频数为 13.5 次,总体有减少的趋势,气候倾向率为 1.2 次/10a。其中,20 世纪 80 年代末期到 90 年代中期为雪灾的高发期,1998 年后显著减少。段安民等(2016)认为,青藏高原 1998 年开始趋暖,并有加速增暖趋势,而气温是积雪变化的主导因子(姜琪 等,2020),气温与雪灾相关性比降雪量更高(董文杰 等,2001),近 40 年冬春季气温升高导致积雪深度、积雪日数减少(马荣,2018),对高原雪灾趋势变化起着决定性作用。

雪灾频数在空间上区域差异明显(图 4.2),总体表现出"中部、南部多,东部和西部少"特征。高值区主要集中在玉树东部、果洛西部,各站雪灾累计次数均在 20 次以上,其中清水河发

第4章 青海省雪灾异常特征和成因诊断

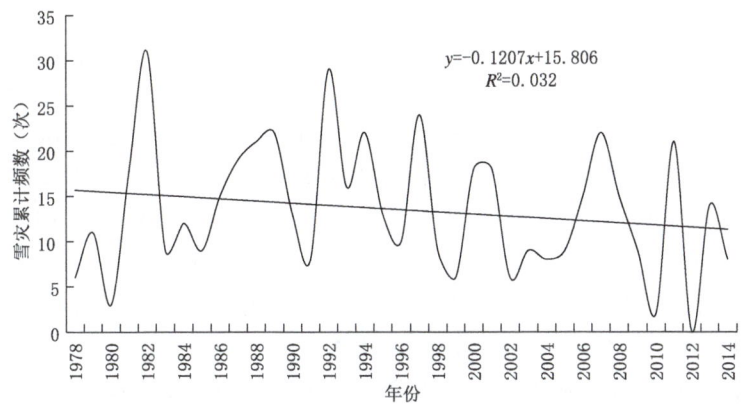

图4.1 1978—2014年冬半年青海省雪灾频数变化趋势

生雪灾次数最多,达到50次;其次是达日(41次),这些地区由于受南部暖湿气流的影响和地形的抬升作用,降水丰沛,积雪日数长(曾小凡 等,2009),也是雪深的大值区(除多 等,2018)。而低值区主要集中在柴达木盆地及青海东部农业区,雪灾发生频数小于10次。

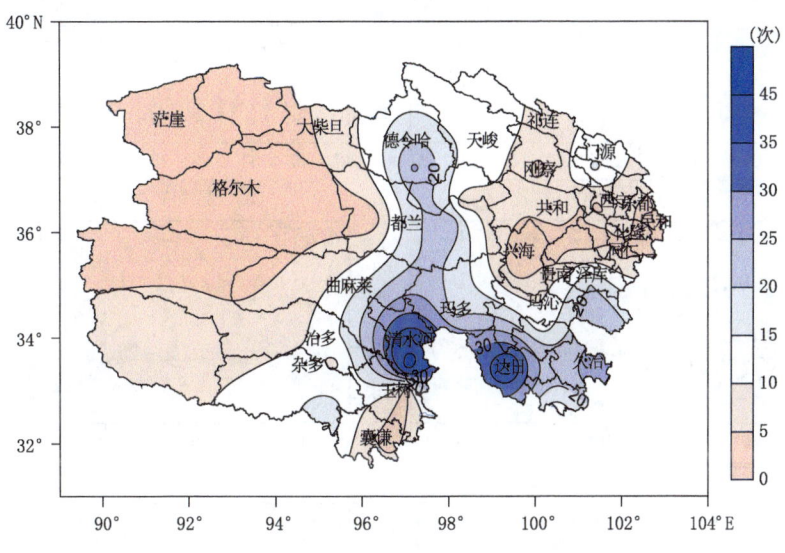

图4.2 1978—2014年冬半年青海省雪灾频数分布

4.2 雪灾异常的环流特征

为了获取雪灾发生前更为典型的影响信号,这里在选取异常年份时,以青海和西藏为研究对象,选取的多雪灾年份有:1982年、1993年、1995年和1997年,少雪灾年份有:1984年、1999年、1998年和2005年,正、负对应合成异常场即为雪灾多(少)年的环流异常场。

分别对冬半年多雪灾年和少雪灾年200 hPa位势高度场、500 hPa风场、600 hPa相对湿度及风场异常场进行合成。由图4.3可知,多雪灾年,极地至亚洲中高纬度位势高度场整体偏低,在65°~88°N,50°~140°E区域内存在异常低值中心,负异常高达−40 gpm以上;贝加尔湖一带和波罗的海则为位势高度正异常，形成阻塞高压（简称阻高），亚欧大陆中纬度地区位势高度负异常从西到东呈现"＋－＋"配置，形成典型的两脊一槽型，而青藏高原一带同样为高度场异常低值中心，负异常达－40 gpm 以上，致使东亚大槽相对于气候态偏西，槽区主要在我国西部地区，来自高纬度冷空气不断东移下滑至槽区所在的青藏高原地区，而受东部阻塞系统影响，大量南下冷空气在青藏高原地区堆积(图 4.3a)；从 500 hPa 风场合成异常来看，受阻塞高压影响，亚欧大陆中高纬度及西北太平洋整体为异常反气旋控制，西风急流此时位于 60°N 附近，中纬度大致以 40°N 为轴盛行东风气流，高原北部为自西北太平洋的东风，中低纬度欧亚大陆为异常气旋，整个高原上空气流辐合为主，北印度洋为西风异常，部分西南风进入高原南部与北部东风气流产生辐合(图 4.3c)，而降雪还需要一定的水汽条件，从 600 hPa 相对湿度场及风场合成异常场可以看出(图 4.3e)，欧亚大陆中纬度湿度场整体呈增加态势，高原西侧的伊朗高原、东侧中国南部湿度增加幅度均大于青藏高原，伊朗高原及北印度洋的暖湿气流经异常西风输送至高原，西北太平洋湿润气流在异常东风作用下西进入高原东部，高原上空气流辐合，湿度增加，为高原异常降雪提供了水汽条件。

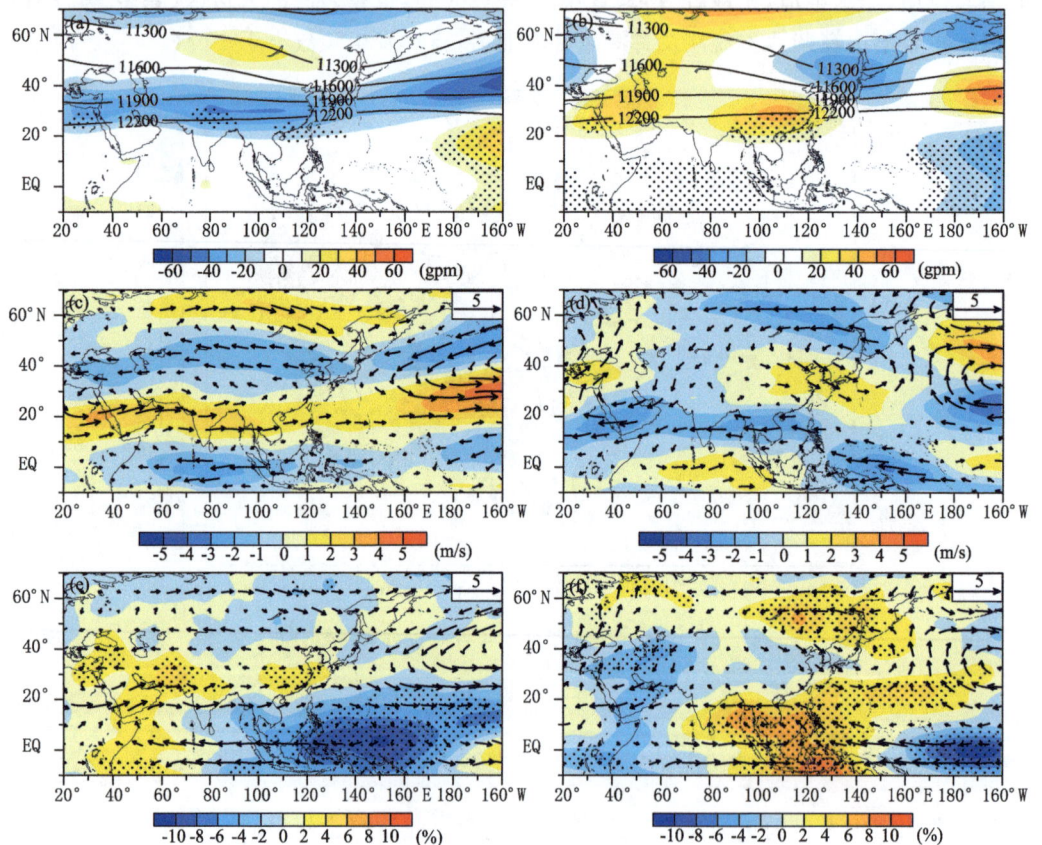

图 4.3 冬半年多雪灾年(a,c,e)、少雪灾年(b,d,f)合成的 200 hPa 高度场及异常场(点状区域表示通过 0.05 显著性检验)、500 hPa 风场(点状区域表示通过 0.05 显著性检验)、600 hPa 相对湿度分布(点状区域表示通过 0.05 显著性检验)和风场异常场

少雪灾年则呈相反态势，除极地位势高度一致偏高外，亚欧大陆自中高纬至中纬、自西向东呈现"－＋－"配置，即：波罗的海负变高－亚洲大陆西部正变高－中国东北沿海负变高，形

成典型的两槽一脊型,其中贝加尔湖以西到伊朗高原地区为脊区,配合有正距平场,因此脊前西北气流基本控制我国大部地区,地面高压盛行,高原西部脊区正异常达 30 gpm 以上,高原上空同样为脊区,正异常高值中心达 40 gpm 以上,西北气流盛行,无冷空气堆积(图 4.3b);从 500 hPa 风场合成异常来看,与两槽一脊型相对应,波罗的海、中国东北沿海为异常气旋控制,中纬度中国大陆为异常反气旋,高原上空为弱偏东气流,气流以辐散为主(图 4.3d);从水汽条件来看(图 4.3f),欧亚大陆中纬度高原西侧的伊朗高原在异常反气旋控制下湿度是减小的,东侧的湿度增大区域主要在我国东北一带,高原上以偏北风为主,高原北部湿度减小,此时低纬度南海及孟加拉湾一带湿度增加明显,东南偏东风的暖湿气流输送主要在高原以南,并未进入高原,高原上空气流辐散,气流下沉,无利于降雪的水汽条件。

4.3 雪灾异常的海温特征

4.3.1 高原雪灾频数与海温的相关分析

为了研究雪灾频数与全球海温之间的关系,分别去除了雪灾频数与全球海温的线性趋势,得到 1978—2014 年冬半年雪灾频数与全球同期海温的相关分布(图 4.4)。从图中可以看出,热带印度洋、南印度洋、热带太平洋及南太平洋大部分地区与青藏高原雪灾频数有显著的正相关,负相关地区则位于西南太平洋局部,其中热带中东太平洋海域(TP,20°S~20°N,180°~80°W)与雪灾频数相关系数达到 0.3 以上,热带印度洋海域(TI,20°S~20°N,35°~100°E)相关系数达到 0.4 以上,通过了 $\alpha=0.05$ 的显著性检验,是与雪灾频数相关最为显著的海域。

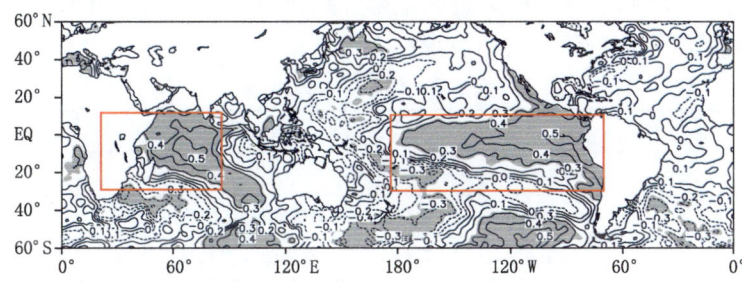

图 4.4 1978—2014 年冬半年雪灾频数与全球海温场的相关分布
(阴影表示通过 0.05 的显著性检验,方框内为所选定的区域)

雪灾频数对海温强迫的响应必然通过大气环流的异常实现。根据前人研究结果(Hu et al.,2015;Yuan et al.,2012;Tiedtke,1996;姜琪 等,2020),El Niño 型海温异常及印度洋偶极子型海温异常对高原积雪异常作用显著,因此这里着重选取以上两种模态作为强迫,探讨高原雪灾频数对赤道中东太平洋和热带印度洋海域海温异常的响应特征及可能机制。

鉴于海温异常的一些主要物理模态可以通过 EOF 模来定义,将选定的热带太平洋、热带印度洋两个海区冬半年海温异常进行 EOF 分解。由表 4.1 可见,各海盆的前三模态的累计方差贡献率都超过了 74%,可以显著表达各海域 SSTA 的主要信息。其中:热带太平洋第一模态(TP1)的空间特征主要表现为传统 El Niño 的海温异常模态;第二模态(TP2)的海温异常分布呈热带太平洋东西向偶极型;第三模态(TP3)为中太平洋(CP)La Niña 模。热带印度洋第一空间模态(TI1)为海盆一致模;第二模态(TI2)为热带印度洋偶极子分布;第三模态(TI3)为海温东西向的反位相分布(图略)。因此,TP1 和 TI2 模态分别为 El Niño 型海温异常和热带印度洋偶极子型海温异常空间模态。

表 4.1 各海盆 SSTA 前三个模态的方差贡献率及其累积贡献率(%)

方差贡献	TP	TI
EOF1	72.5	52.1
EOF2	12.8	12.4
EOF3	4.0	9.8
EOF1+2+3	89.3	74.3

4.3.2 青藏高原雪灾频数对 SSTA 的响应模拟

4.3.2.1 试验设计

根据曾小凡等(2009)、翟建青等(2009)、刘彩红等(2020)的研究,德国 MPI(max planck institute for meteorology)第五代全球大气环流模式 ECHAM5 可以能较好地模拟出大尺度的平均大气环流形势,较好地显现了大气环流变化特征。

这里利用 ECHAM5 模式执行三组试验(表 4.2),分析了大气环流与冬半年雪灾频数对热带太平洋和热带印度洋海温异常的响应。在控制试验(CTL run)中,冬半年全球 SST 取气候态,即用气候平均态的海温去强迫初始场。El Niño 模态强迫下的敏感性试验(TP1 run),即用 El Niño 模态加入气候平均态的海温反映大气对赤道中东太平洋 El Niño 事件的响应,TI2 试验(TI2 run)同理。将两组敏感性试验的结果分别减去未经扰动的背景试验(CTL run)结果,以分析两个海域 SSTA 的强迫作用表现在大气环流的响应特征。

表 4.2 试验设计方案

试验名称	范围	异常强迫	积分时间
CTL run	—	—	30 年
TP1 run	180°~80°W,20°S~20°N	热带太平洋 El Niño 模态	30 年
TI2 run	35°~100°E,20°S~20°N	热带印度洋偶极子模态	30 年

4.3.2.2 雪灾频数对海温异常响应的可能机制

(1)多雪灾年环流场观测异常场

为了体现模式模拟结果的合理性,以多雪灾年的环流合成场作为观测场。从图 4.5a 可以看出,在 200 hPa 高度场上,亚洲中高纬度位势高度场整体偏低,在(60°~88°N,60°~95°E)区域内存在异常低值中心,负异常高达 -60 gpm 以上,贝加尔湖一带和里海则为位势高度正异常,形成阻高,亚欧大陆中纬度地区位势高度负异常从西到东呈现"+-+"配置,形成典型的两脊一槽型,而青藏高原一带同样为高度场异常低值中心,负异常达 -45 gpm 以上,致使东亚大槽相对于气候态偏西,槽区主要在我国西部地区,来自高纬度冷空气不断东移下滑至槽区所在的青藏高原地区,受东部阻塞系统影响,大量南下冷空气在青藏高原地区堆积;风场合成异常来看,亚欧大陆中高纬贝湖一带整体为异常反气旋,中低纬度欧亚大陆为异常气旋,高原北部自西北太平洋的东风与北印度洋西南偏南风辐合。500 hPa 高度场和风场同样具有与

200 hPa相似的"十一十"配置,高原西部为高度场异常低值中心,气流辐合为主(图4.5b);从600 hPa相对湿度场及风场合成异常场可以看出(图4.5c),欧亚大陆中纬度湿度场增加,且伊朗高原湿度增加幅度大于青藏高原,阿拉伯海暖湿气流经伊朗高原输送至青藏高原,西太平洋湿度场减弱,以东风气流为主,在西北太平洋异常反气旋影响下,西北太平洋湿润气流进入高原北部,为高原异常降雪提供了水汽条件。

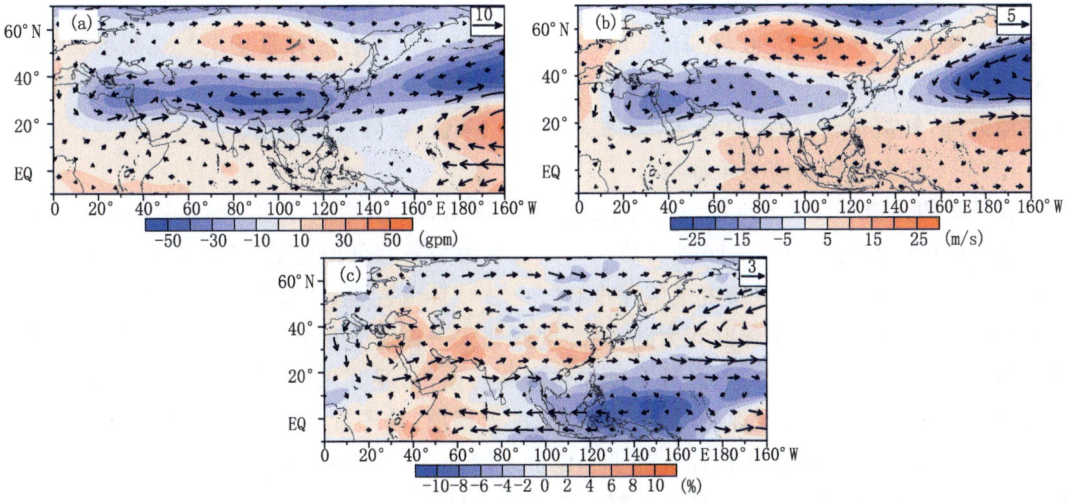

图4.5 多雪灾年观测的200 hPa(a)、500 hPa(b)高度场、风场合成及
600 hPa(c)湿度场、风场合成异常场分布

(2)TP1强迫下环流场的异常响应

图4.6为El Niño模态(TP1)强迫下敏感性试验得到的多雪灾年环流场合成异常。由图4.6a可以看出,在TP1的强迫下,200 hPa高度场上,亚洲中高纬度位势高度场整体偏低,存在与多雪灾年观测值相近的异常低值中心,负异常高达—20 gpm以上,较观测值偏小,贝加尔

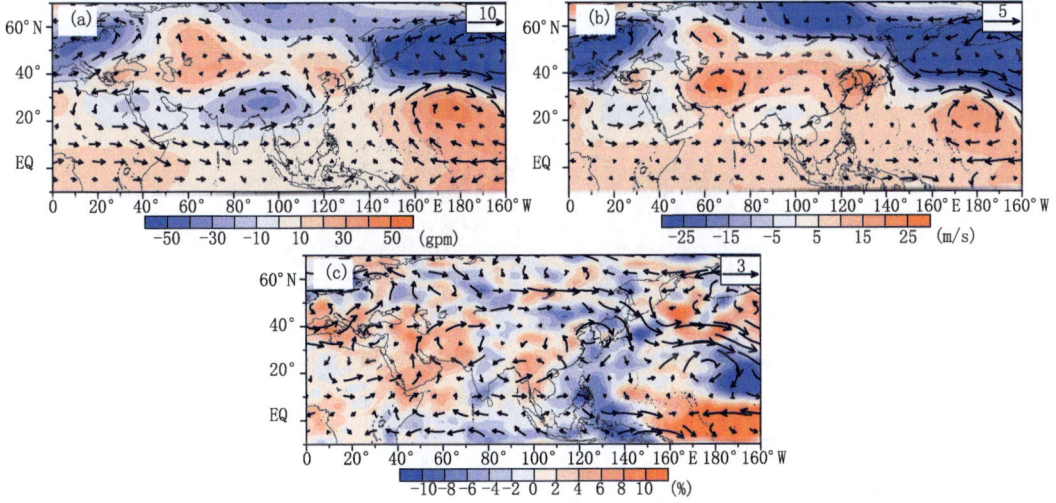

图4.6 TP1强迫下敏感性试验得出的200 hPa(a)、500 hPa(b)高度场风场合成、
600 hPa(c)湿度场风场合成异常分布

湖一带阻高位置较观测场偏南,伊朗高原北部出现正异常中心,形成阻高,亚欧大陆中纬度地区位势高度异常从西到东与观测值一样呈现"＋－＋"配置,而青藏高原一带高度场异常低值中心在高原西南部,较观测值范围缩小、强度减弱,但同样有利于南下冷空气在青藏高原地区堆积;风场合成异常来看,在亚欧大陆中高纬贝加尔湖一带异常反气旋和中低纬度异常气旋的相互作用下,高原上空气流辐合为主,与观测值结果一致(图4.6a,图4.5a)。500 hPa 高度场和风场同样具有与200 hPa 相似的"＋－＋"配置,但响应幅度较观测值呈偏弱形势,高原西部气流辐合为主(图4.6b,图4.5b);600 hPa 相对湿度场及风场合成异常场上与观测场类似(图4.6c,图4.5c),均为阿拉伯海暖湿气流经伊朗高原输送至青藏高原,西北太平洋湿润气流进入高原北部,气流辐合,为高原异常降雪提供了水汽条件,使降雪量增加。

(3) TI2 强迫下环流场的异常响应

在 TI2 的强迫下,200 hPa 高度场、风场合成图(图4.7a)上,中高纬度位势高度场与多雪灾年观测值一样整体偏低,在 60°～80°N,30°～50°E 区域内为异常低值中心,负异常达－30 gpm 以上,相较观测值,亚欧大陆中纬度地区并没有"＋－＋"环流配置,贝加尔湖附近的位势高度正异常中心西移,控制整个中纬欧亚大陆,同纬度西北太平洋为强的负异常,中低纬高原上未出现如观测场一致的低值中心,而是处于贝加尔湖高压南部,受其影响,西伯利亚干冷空气南下与西北太平洋南下湿润气流在南海转为偏南风进入高原,北印度洋异常气旋使部分南海—孟加拉湾暖湿气流进入高原,为高原输送了一定的水汽,500 hPa 高度场和风场(图4.7b)同样具有与200 hPa 相似的环流特征,高原南部水汽主要来自西太平洋(图4.7b);从600 hPa 相对湿度场及风场合成异常场可以看出(图4.7c),整个高原上空湿度增加,为高原异常降雪提供了水汽条件,促使降雪量增加(图略),而观测场则表现为高原东部湿度增加(图4.5c)。

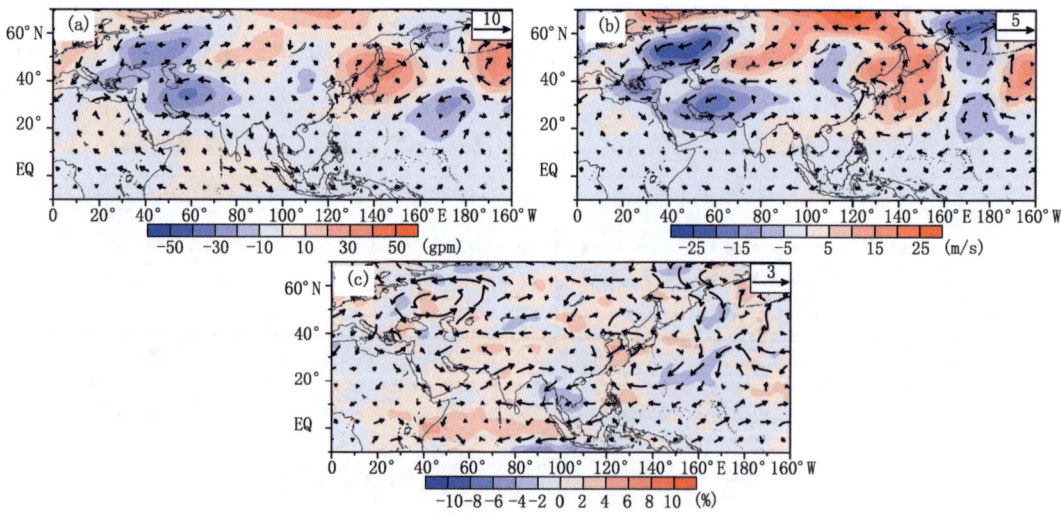

图 4.7 TI2 强迫下敏感性试验得出的 200 hPa(a)、500 hPa(b)高度场风场合成及
600 hPa(c)湿度场风场合成异常场分布

综上分析,赤道中东太平洋 El Niño 型海温异常主要引起高低层大气环流异常,使东亚大槽偏弱,新地岛及乌拉尔山地区形成阻高,偏北气流引导冷空气从西伯利亚通道南下,在高原堆积;而印度洋偶极子型海温异常主要引起中纬欧亚大陆正异常,形成高压,同纬度西北太平洋为强的负异常,西伯利亚干冷空气南下与西北太平洋南下湿润气流在南海转为偏南风进入

高原,北印度洋异常气旋使部分南海—孟加拉湾暖湿气流进入高原,为高原降雪提供了水汽条件。可见,赤道中东太平洋及印度洋海温异常对青藏高原雪灾变化有着明显的影响。

4.4 典型雪灾年成因分析

4.4.1 2012年雪灾气候特点

(1)大部地区最高气温普遍偏低

从1961—2012年1月3日至3月20日青南高原平均最高气温变化曲线可以看出(图4.8a),2012年1月3日至3月20日,青南牧区平均最高气温−1.2 ℃,较1981—2010年平均值偏低1.1 ℃,为1998年气温显著增暖以来同期第二低值。该时段青南牧区平均最高气温总体偏低且呈南高北低分布,与历年同期相比,除青南南部少数地区平均最高气温偏高了0.0～

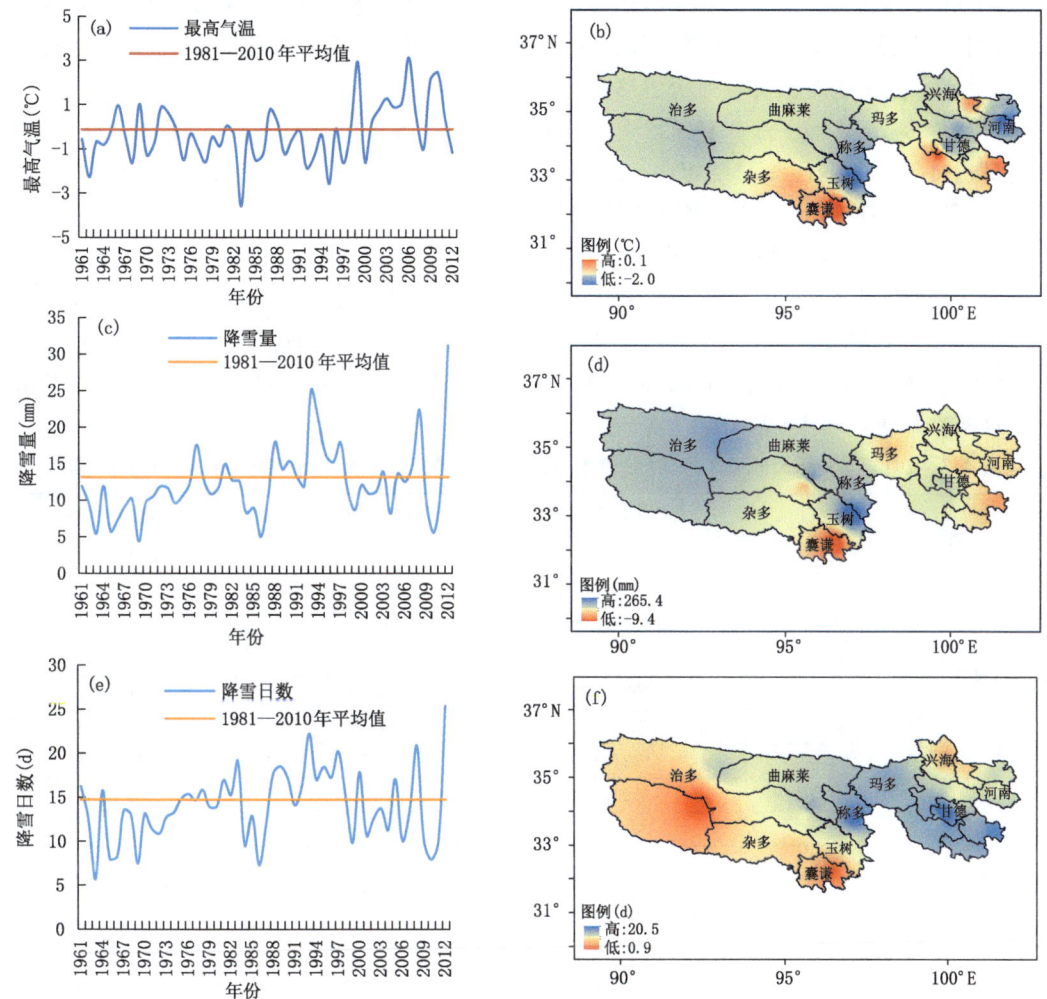

图4.8 1961—2012年1月3日至3月20日青南高原平均最高气温变化曲线(a)、平均最高气温距平分布(b)、平均降雪量变化曲线(c)、降雪距平百分率分布(d)、平均降雪日数变化曲线(e)、降雪日数距平分布(f)

0.1℃外,其余大部分地区偏低0.2～2.0℃,其中甘德、河南、泽库等青南地区东北部偏低幅度在1.0℃以上(图4.8b),不利于积雪融化。

(2)降雪量及降雪日数创历史新高

从1961—2012年1月3日至3月20日青南高原平均降雪量变化曲线可以看出(图4.8c),2012年1月2日至3月20日,青南牧区降雪量明显偏多,平均降雪量为31.1 mm,较1981—2010年平均值偏多2.4倍,为1961年来历史同期第一多。该时段各地降雪量在12.2～55.7 mm,与历年同期相比,除囊谦降雪偏少1成、班玛接近常年外,其余地区降雪量偏多1～3.6倍,其中青南中北部地区偏多1倍以上,曲麻莱偏多2倍以上,称多、泽库、曲麻莱、同德、甘德降雪量达到1961年以来历史同期最多值(图4.8d)。

从1961—2010年1月3日至3月20日青南高原平均降雪日数变化曲线可以看出(图4.8e),2012年1月3日至3月20日,青南牧区平均降雪日数为25.4 d,较1981—2010年同期平均值偏多11.7 d,创1961年以来同期降雪日数最多值。该时段各地降雪日数在10～43 d,与历年同期相比,各地偏多0.8～20.5 d,尤其是青南中北部地区降雪日数偏多最为明显,偏多10 d以上,其中泽库、河南、甘德、治多降雪日数创1961年以来同期降雪日数最多值(图4.8f)。

(3)长时间、大范围积雪名列历史第三位

甘德、称多2012年1月3日至3月20日≥2 cm积雪累计时间超60 d,泽库、曲麻莱、河南、达日超过30 d。与历年同期相比,曲麻莱、称多、甘德≥2 cm积雪累计时间列1961年以来第2长,玛沁、河南列1961年以来第3长。

(4)最大积雪面积出现时间集中、面积大

卫星遥感监测表明,2012年1月3日至3月20日期间,青南牧区16县中,玉树、称多、曲麻莱、玛沁、甘德、玛多、兴海、同德、泽库9县最大积雪面积占行政面积的比例高达90%以上,其中甘德、泽库两地曾一度接近99%。最大积雪面积出现时间则主要集中在1月14日和2月10日两次降雪过程中(表4.3)。

表4.3 2012年1月3日至3月20日青南牧区最大积雪面积及其占行政面积比例和出现时间

所属州	县(乡)	最大积雪面积(km²)	占行政面积比例(%)	出现的日期
海西	唐古拉	32538.30	68.13	1月12日
玉树	玉树	14289.00	91.70	2月10日
	杂多	27114.50	76.38	1月14日
	称多	13839.00	94.42	1月14日
	治多	36035.50	44.64	1月14日
	囊谦	5374.25	44.57	1月14日
	曲麻莱	44283.80	95.09	1月12日
果洛	玛沁	13029.25	97.30	2月10日
	班玛	1940.50	31.19	2月19日
	甘德	7041.75	98.75	3月1日
	达日	11025.00	75.27	1月14日
	久治	7280.00	88.06	3月1日
	玛多	23232.25	90.91	1月19日
海南	同德	4418.75	94.46	2月10日
	兴海	11955.75	97.78	2月10日
黄南	泽库	6643.75	98.75	2月10日
	河南	5430.50	80.76	1月12日

从上述分析得出,1961年以来,在2012年青南牧区出现如此长时间、大范围的积雪,实为历史少见,其中仅1993年和2008年超过了2012年。2012年青南牧区出现的持续降雪和积雪过程,使得降雪量显著偏大、降雪和积雪日数明显偏多,加之最高气温偏低,导致积雪一度难以融化,出现历史同期少见的长时间、大范围冬春两季连续积雪,并导致雪灾发生。

4.4.2 2012年雪灾的气候成因

(1) 当前青南牧区处在雪灾偏多的气候大背景下

1—3月青南牧区出现的雪灾是在近20年以来雪灾发生频次增多的背景下发生的。近20年以来青南牧区1—3月≥5.0 mm降雪量呈明显的增加趋势,增幅达每10年增加0.931 mm,特别是20世纪90年代以来,1—3月的降雪量明显增加,雪灾发生的概率增大。

(2) 乌拉尔山阻塞高压稳定维持、极地冷空气向南扩散

从图4.9看出,1月第3候(图4.9a)和第4候(图4.9b)、2月第2候(图4.9c)、3月第3候(图4.9d)青南牧区出现了比较大的积雪过程,这些过程500 hPa北半球中高纬地区位势高度场基本维持两槽一脊形势,高压脊基本维持在乌拉尔山地区,低压槽分别在高压脊的东侧和西侧。北极涛动(AO)指数明显减弱,维持较强的负位相,乌拉尔山阻塞高压建立并长期维持,西伯利亚高压偏强(图4.9e),这将有利于北方冷空气南下影响青南牧区。

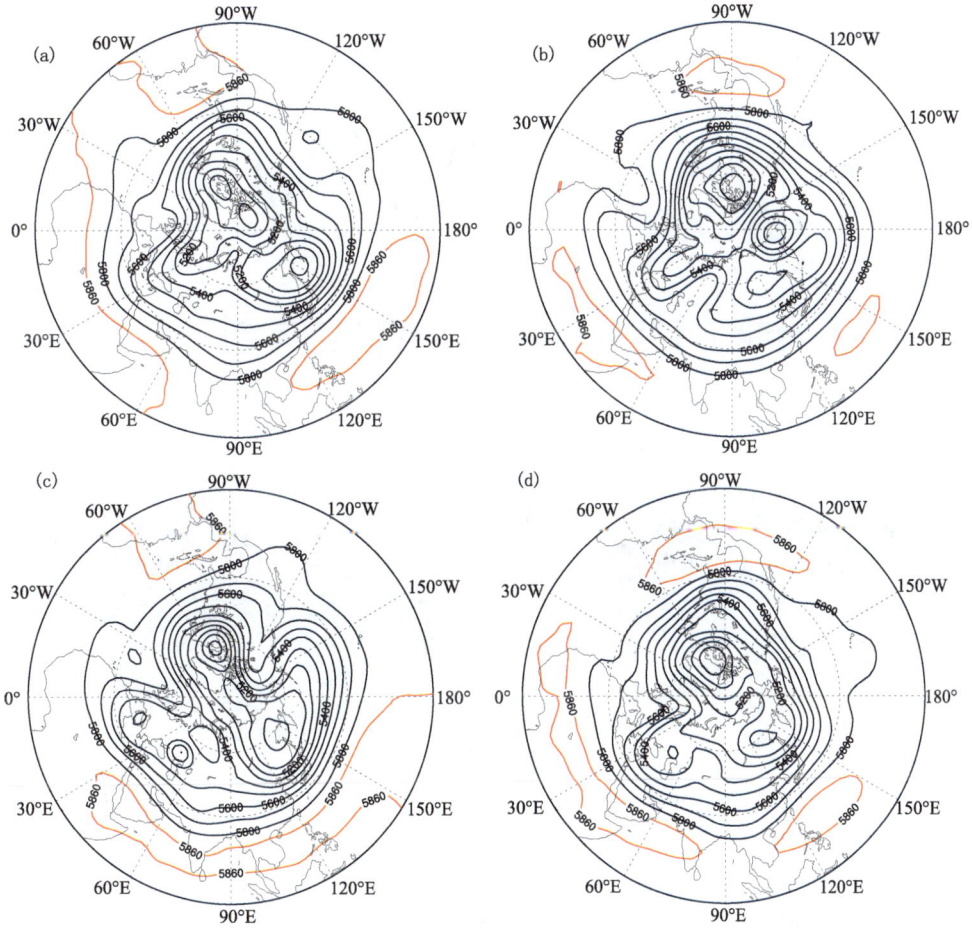

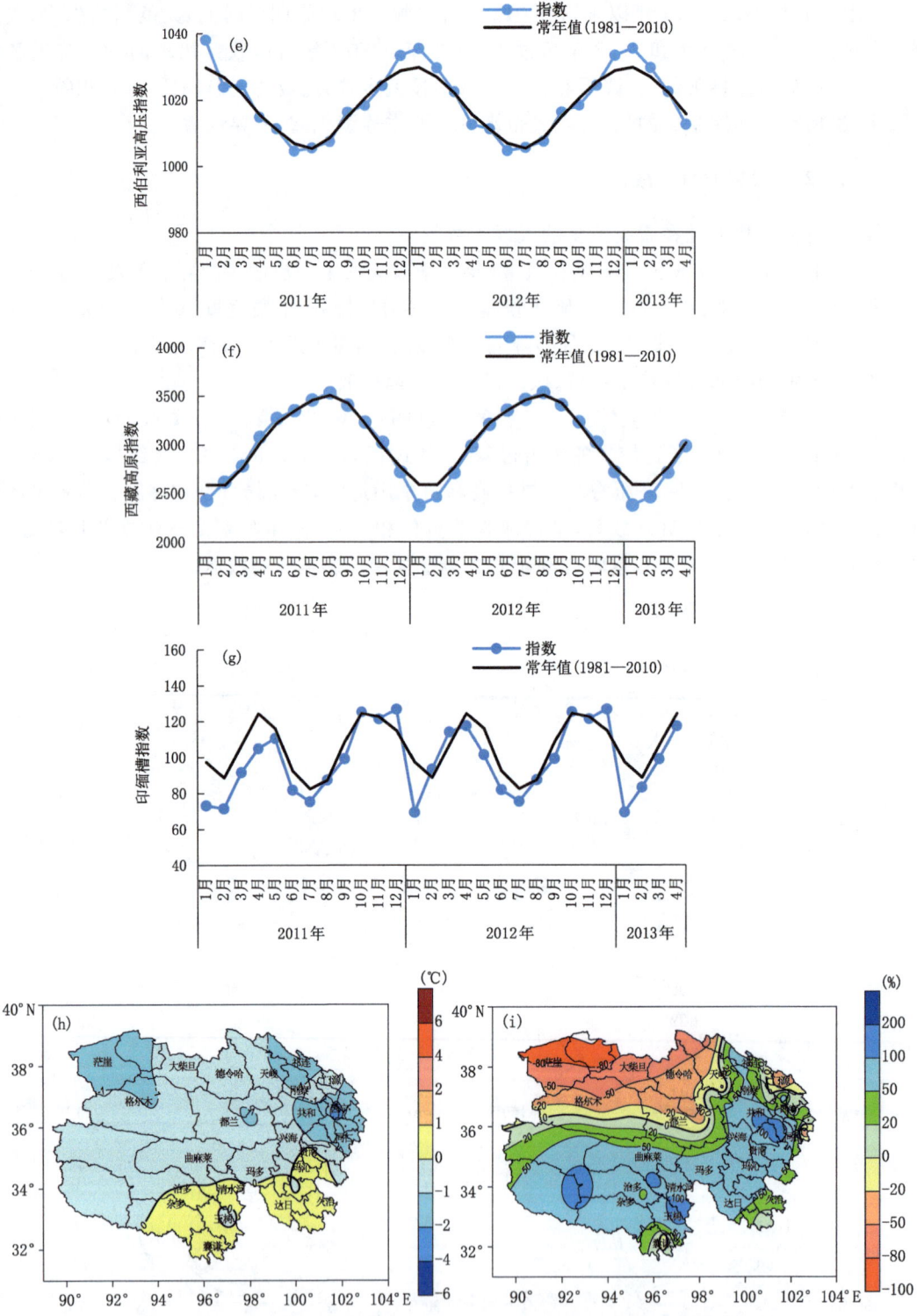

图4.9 2012年1月第3候(a)、1月第4候(b)、2月第2候(c)、3月第1候(d)北半球500 hPa平均位势高度分布(gpm)和西伯利亚高压指数(e)、西藏高原指数(f)、印缅槽指数(g)、2012年1—3月青海平均气温距平(h)及降水距平百分率(i)分布

(3)高原高度场偏低、高原槽和印缅槽活跃

从图 4.9f,g 可以看出,1—3 月,高原高度场指数和印缅槽指数偏小,说明高原地区高度偏低,高原槽、高原切变、高原低涡活动比较活跃(图 4.9g),高原南部印缅槽深,低纬地区的南支波动也比较活跃,高原高度持续偏低、高原低值系统活跃、南支槽深,这将有利于西南暖湿气流向北输送,并与北方南下的冷空气在高原地区上空汇合,从而造成青南高原地区降雪和积雪的异常偏多。

(4)青海省南部和北部地面的温度梯度大、锋区强

从 1—3 月青海平均气温距平分布图(图 4.9h)看出,2012 年冬春季青海省南部和北部地面的温度梯度大,地面冷锋经过青海时,青海南部和北部地区之间的锋区加强,零温度分界线两侧的降雪量大、积雪量多(图 4.9i)。

以上分析表明,在目前雪灾偏多的气候大背景下,由于极地冷空气向南扩散,加之青藏高原高度场偏低、高原槽和印缅槽活跃,从而造成青南牧区降雪量异常偏多,最高气温偏低,积雪长时间难以融化,形成雪灾。

4.4.3　雪灾异常的诊断模型

统计 1961—2012 年冬春季青海南部牧区雪灾过程对应的 500 hPa 主要环流分布型得出,造成该区域雪灾的大气环流型主要是两槽一脊型、横槽转竖型、纬向环流型、两脊一槽型、东高西低型,其中纬向环流型和两槽一脊型占总数的 61%。2012 年 1 月 2—4 日、9—13 日、18—21 日积雪过程为横槽转竖型,2012 年 2 月 8—10 日、2 月 29 日至 3 月 1 日积雪过程为两脊一槽型,2012 年 3 月 8—10 日、16—18 日积雪过程为两槽一脊型。其中,1—2 月的积雪过程乌拉尔山地区高压脊强,并且该地区的阻塞高压长时间维持,这为北方冷空气的持续南下和入侵高原提供了强大的动力。3 月上中旬的积雪过程蒙古高压强,在中亚形成了北脊南槽的环流,使得高原南部低压槽迅速发展,西风带低压槽经过高原时与南支槽叠加,低槽加深进一步发展,这给低纬度暖湿气流向北输送和中高纬度干冷空气向南入侵创造了条件。

根据时兴合等的研究(2012),乌拉尔山高压脊偏强、东亚槽强度偏强、高原高度场偏低均有利于高原积雪形成,同时乌拉尔山高压脊偏强也有利于高原季风发展、北极涛动负位相的维持。主要是因为乌拉尔山阻塞高压建立和稳定维持时,高原高度场偏低,高原地区低值系统活跃发展,当乌拉尔山高压脊前的冷空气不断分裂南下进入高原时,高原低槽加深发展,槽前的偏南气流向高原地区输送低纬度的暖湿空气,高原槽后和乌拉尔山脊的偏西北气流向高原输送高纬度的干冷空气,这种环流维持的时间越长,冷暖空气在高原地区汇合的次数越多,冷暖空气结合造成降水量越大,形成的积雪越厚。1982 年、1993 年、1995 年、2008 年、2012 年 1—3 月的雪灾过程都属于这种类型。

从表 4.4 可以看出,赤道东太平洋海温 3.4 区指数与西太副高北界位置、赤道东太平洋海温 3.4 区指数与印缅槽强度指数、印度副热带高压脊线位置与印缅槽强度指数、印度副热带高压脊线位置与高原高度指数、东亚季风指数与高原积雪、东亚季风指数与东亚槽强度指数、乌拉尔山高压脊指数与东亚槽强度指数呈显著的正相关(通过了 $\alpha=0.05$ 的显著性检验水平),东亚槽强度指数与西太副高北界位置、印度副热带高压脊线位置与高原积雪呈显著的负相关(通过了 $\alpha=0.05$ 的显著性检验水平)。依据物理因子与高原积雪之间的相关和物理因子与其

他因子之间的相关,可以综合得出青海省牧区多雪的诊断模型(图 4.10)。当北半球北极涛动负值大、乌拉尔山高压脊强、巴尔喀什湖—贝加尔湖地区的低压槽深、东亚槽偏浅、赤道东太平洋海温偏低、西太副高位置偏南、印度副热带高压位置偏南强度偏弱、高原高度场偏低、印缅槽和高原槽深时,青南牧区降雪量大、积雪量多,积雪持续的时间长、雪灾重。在这些因子相反的配置下,青南牧区降雪量小、积雪量少,积雪持续的时间短、雪灾轻。

表 4.4 物理因子与高原积雪、物理因子与其他因子之间的相关统计表

序号	因子1	因子2	相关系数
1	赤道东太平洋海温 3.4 区指数	西太副高脊线位置	$r=0.29^{**}$
2	赤道东太平洋海温 3.4 区指数	西太副高北界位置	$r=0.56^{****}$
3	东亚槽强度指数	西太副高脊线位置	$r=-0.41^{***}$
4	东亚槽强度指数	西太副高北界位置	$r=-0.45^{***}$
5	赤道东太平洋海温 3.4 区指数	印缅槽强度指数	$r=0.65^{****}$
6	印度副热带高压脊线位置	印缅槽强度指数	$r=0.48^{****}$
7	印度副热带高压脊线位置	高原高度指数	$r=0.29^{**}$
8	印度副热带高压脊线位置	高原积雪	$r=-0.44^{***}$
9	东亚季风指数	高原积雪	$r=0.44^{***}$
10	东亚季风指数	东亚槽强度指数	$r=0.55^{****}$
11	乌拉尔山高压脊指数	东亚槽强度指数	$r=0.49^{****}$

注:** ,*** ,**** 分别表示通过 0.05,0.01,0.001 显著性检验。

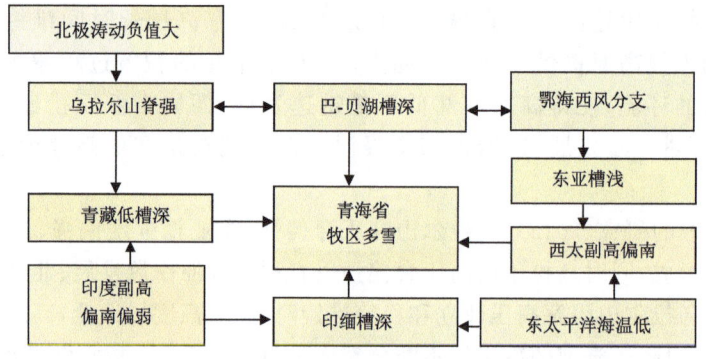

图 4.10 青南高原牧区多雪的诊断模型

4.5 结论

(1)1978—2014 年冬半年青海省雪灾频数总体呈减少趋势,幅度为 1.2 次/10a,1998 年后雪灾减少尤为显著。雪灾空间上总体表现出"中部、南部多,东部和西部少"特征。高值区主要集中在玉树东部、果洛西部,各站雪灾累计次数均在 20 次以上,其中清水河、达日发生雪灾次数最多,而柴达木盆地及青海东部农业区,雪灾发生频数小于 10 次。

(2)雪灾频数变化与赤道中东太平洋、热带印度洋海温异常相关显著,敏感性试验表明,在赤道中东太平洋 El Niño 型海温异常强迫下,主要引起高低层大气环流异常,使东亚大槽偏

弱,新地岛及乌拉尔山地区形成阻高,偏北气流引导冷空气从西伯利亚通道南下,在高原堆积;高原北部自西北太平洋的东风与北印度洋西南偏南风辐合。阿拉伯海暖湿气流经伊朗高原输送至青藏高原,在西北太平洋异常反气旋影响下,西北太平洋湿润气流进入高原北部,为高原异常降雪提供了水汽条件,使降雪量增加。

(3)印度洋偶极子型海温异常强迫下,主要引起中纬欧亚大陆正异常,形成高压,同纬度西北太平洋为强的负异常,西伯利亚干冷空气南下与西北太平洋南下湿润气流在南海转为偏南风进入高原,北印度洋异常气旋使部分南海—孟加拉湾暖湿气流进入高原,为高原降雪提供了水汽条件。

(4)2012年后冬至初春乌拉尔山阻塞高压稳定维持、高原高度场偏低、高原槽和印缅槽活跃、极地冷空气向南不断扩散,冷暖空气在青海南部高原地区汇合,在青海南部和北部地面温度梯度大、锋区强的零温度线两侧形成大量的降水和积雪。1982年、1993年、1995年、2008年和2012年1—3月青南高原牧区的雪灾过程都基本属于这种类型。

第5章 青海省气候异常的影响评估

5.1 气候变化对农业的影响评估

IPCC(政府间气候变化专门委员会)第5次评估报告(AR5)指出,全球气候系统变暖的事实是毋庸置疑的,在北半球,21世纪的第一个10年是最暖的10年(沈永平 等,2013;王绍武 等,2013;Kosaka et al.,2013;Rohde et al.,2013)。全球气候变暖会引起蒸散发的增加和降水格局的变化,导致某些地区农业气象灾害加剧,进而增加农业生产的风险。由于农业生态系统对于全球变暖的响应具有显著的地域和年际差异,因此对其研究越来越受到关注(王位泰 等,2008;张调风 等,2012;周瑶 等,2013)。降水盈亏是制约农作物生长和产量形成的主要因子(何奇瑾 等,2012)。而目前大多数研究集中采用田间试验法、能量平衡法、遥感数据分析等多种方法分析黄河流域(邵晓梅 等,2007)、东北地区(张淑杰 等,2010)、淮河流域(许莹 等,2013)、华北地区(刘勤 等,2013)、四川省(张玉芳 等,2013)等粮食主产区的玉米和冬小麦生长季干旱、气候生产潜力、参考蒸散发和需水量研究,对作物降水盈亏方面研究相对较少。不同的生长阶段作物对气候变暖的响应程度不同,然而,现有的西北地区农作物对气候变暖响应的研究大多集中在全生育期的参考蒸散发变化、春玉米适应性评价、生产潜力等,对春小麦各生育阶段降水盈亏的研究不多。青海东部农业区是青海省的粮食主产区,粮食作物以种植春小麦为主,农业生产过程中极易遭受旱涝灾害。相关研究(申红艳等,2012a;黄蕊等,2013)表明,近几十年来该地区夏季平均降水量以 0.8 mm/10a 速率减少显著,而同期气温以 0.3 ℃/10a 速率上升、1998年以后气候暖干化尤其明显;大部地区春小麦在3月中下旬播种,9月上中旬成熟收获,雨季通常在6—8月结束,此时正值春小麦拔节—灌浆阶段,这一阶段的需水量最大。如果雨季期较常年缩短或降水量偏少,就会出现季节性干旱,影响春小麦产量。因此,本节旨在基于春小麦不同生育期气象数据和发育资料,研究降水量和作物需水量的匹配情况,探讨全球变暖对春小麦生长季降水盈亏的影响,为提高农业水资源利用率,缓解水资源供需矛盾,制定农作物种植结构提供参考。

青海省东部农业区(图5.1)东连甘肃,西达柴达木盆地和三江源地区,是黄土高原向青藏高原的过渡地带,生态环境脆弱敏感地带,河湟谷地是春小麦的主要种植区。该区域水资源和农业生产的需水主要依靠自然降水,由于受到气候暖湿向暖干的转折期的影响,该区域的地表能量的传输和水汽交换速率发生显著变化,春小麦等春播作物播种期提前,作物生长发育速度加快,营养生长阶段缩短,成熟期明显提前,生育期缩短,农业生态系统生产力逐渐下降,抵抗自然灾害的能力减弱,酿成歉收。应对农业生态系统如此多的变化,减少旱灾带来的损失,是目前必须面对和解决的问题。深入研究该区域春小麦降水盈亏变化和主要的气候敏感影响因子对于及时调整区域农业等人工管理生态系统管理方式和实现农业的可持续发展具有十分重要的意义(王位泰 等,2008)。

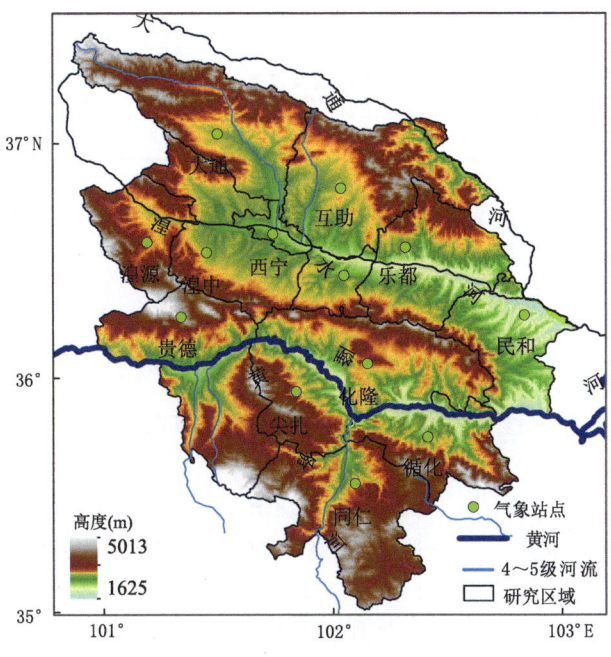

图 5.1 研究区位置示意图

5.1.1 资料与方法

本节气象资料选取青海省东部农业区 12 个气象站点 1961—2013 年的逐日观测资料,包括水汽压(kPa)、最高气温(℃)、最低气温(℃)、平均气温(℃)、相对湿度(%)、降水量(mm)、风速(m/s)、日照时数(h),资料来源于青海省气候中心,并对所有的数据经过严格的质量控制。春小麦生育期资料和农业灾情旬月报来源于青海省气象科学研究所农气中心。

根据各地自然差异较大和农气中心的观测数据,将春小麦整个生育期划分为 5 个生育阶段:播种—出苗期、出苗—拔节期、拔节—抽穗期、抽穗—乳熟期、乳熟—成熟期。各区域春小麦生长期起止日期和作物系数统计(表 5.1),并采用生育期日数的多年平均值来代表当地一般生育期日数。

表 5.1 各区域春小麦生育期划分(单位:月/日)

区域	播种日期	出苗日期	拔节日期	抽穗日期	乳熟日期	成熟日期
民和	3/28	4/9	5/17	6/12	7/9	7/26
乐都	3/11	4/05	5/19	6/10	7/15	7/30
大通	3/28	4/22	6/05	7/1	8/5	9/1
湟源	3/31	4/26	6//7	7/2	8/7	9/3
湟中	4/10	5/4	6/19	7/11	8/20	9/18
化隆	4/6	5/9	6/25	7/14	8/16	9/11
循化	2/28	3/28	5/14	5/30	6/30	7/22

续表

区域	播种日期	出苗日期	拔节日期	抽穗日期	乳熟日期	成熟日期
互助	4/1	4/23	6/10	7/5	8/4	9/2
贵德	3/7	4/2	5/17	6/10	7/15	7/30
同仁	3/20	4/13	5/3	6/24	7/24	8/15
尖扎	2/26	4/1	5/19	6/7	7/5	7/24

降水盈亏量计算。以潜在蒸发量和有效降水量分别为需水指标和供水指标表征 5 个生育阶段农田湿润状况和作物旱涝状况。降水盈亏计算如下：

$$G_i = P_{e_i} - ET_{c_i} \tag{5.1}$$

式中，G_i 为生育期内第 i 阶段降水盈亏量（mm）；P_{e_i} 为第 i 阶段有效降水量（mm）；ET_{c_i} 为第 i 阶段春小麦需水量（mm）。

每个生育阶段需水量由逐日需水量累积得到。逐日需水量由作物系数和参考作物蒸散发得到，计算如下：

$$ET_c = K_c \times ET_0 \tag{5.2}$$

式中，ET_c 为逐日作物需水量（mm）；K_c 为作物系数；ET_0 为逐日参考作物蒸散量（mm）。前人（刘钰 等，2000；高晓容 等，2012）研究表明，缺少试验资料的情况下可以根据 FAO-56 推荐的 K_c 和修正公式并结合当地地形、气候、作物品种等进行修正，得到的需水量预测值和实测值比较接近。故本节根据春小麦的生长发育特征，作物系数在采用联合国粮农组织（FAO）建议值（Allen et al.，1998）基础上，参考邵晓梅等（2007）研究黄河流域青海段春小麦的降水盈亏格局所选的作物系数值初步得到各生育阶段作物系数 K_c（表 5.2），由于东部农业区农作物种植区地形和气候带分布差异较大，根据青海省气象科学研究所农气中心的试验数据和公式 3（胡玮 等，2014）将生育中期作物系数进行了修正，便得到各地不同生育阶段的作物系数。

ET_0 计算采用联合国粮农组织推荐的 Penman-Monteith 模型，其中计算净辐射的系数 a、b 是关键，本节利用西宁辐射站日辐射资料进行拟合推算，a 和 b 的值分别取 0.18 和 0.55，其余参数均采用 FAO 的推荐值。

$$K_c = K_{c_0} + [0.04(U_2 - 2) - 0.004(RH_{min} - 45)](h/3)^{0.3} \tag{5.3}$$

式中，K_{c_0} 为修正前的作物系数，K_c 为修正后的作物系数，U_2 为 2 m 处的日平均风速（m/s），RH_{min} 日最低相对湿度的平均值，h 为作物的平均高度（m）。

表 5.2 不同生育阶段春小麦的作物系数

生育期	K_c
播种—出苗	0.66
出苗—拔节	0.77
拔节—抽穗	1.16
抽穗—乳熟	0.52
乳熟—成熟	0.48

生育阶段有效降水量 P_{e_i} 由对应 i 时段内多次有效的降水量累积值，其有效性已被很多研究证明（Li et al.，2011；刘勤 等，2013），第 j 次降水 P 的有效降水量 P_{e_j}，由如下公式计算：

$$P_{e_j} = P(4.17-0.2P)/4.17 \qquad P<8.3 \text{ mm/d} \qquad (5.4)$$
$$P_{e_j} = 4.17+0.1P \qquad P\geqslant 8.3 \text{ mm/d} \qquad (5.5)$$

敏感度分析。为了研究全球变暖背景下作物生育阶段降水盈亏对平均温度、日照时数、相对湿度和风速4个基本气象要素的响应,采用Gong等(2006)首次利用敏感系数研究蒸散发气候敏感性的方法,即

$$S_X = \lim_{\Delta x \to 0} \left(\frac{\Delta G/G}{\Delta X/X} \right) = \frac{\partial G}{\partial X} \cdot \frac{X}{G} \qquad (5.6)$$

式中,S_X 为降水盈亏关于气候因子 X 的敏感系数。敏感系数 S_X 正(负)表明降水盈亏量对相应的气象因子呈正(负)敏感,其绝对值大小表明敏感性强弱。

在进行统计时还用到线性趋势法、模比差积曲线分析法等统计方法。

5.1.2 生育期内降水盈亏量的空间变化

春小麦5个生育阶段降水盈亏均呈阶梯状分布特征。近53年,青海东部农业区春小麦播种—出苗期和出苗—拔节期内降水盈亏程度空间分布相似,呈"中间高、两头低"特征。贵德—尖扎—循化一带亏缺量均为高值区,后者比前者干旱程度大,播种—出苗期变化幅度在40 mm以上。此时主要是春小麦的根系发育,需水量较小,出苗—拔节期在110 mm以上,主要是经过三叶、分蘖两个决定植株高矮、幼穗分化、小穗形成关键时期(邵晓梅 等,2007),需水量最大,而低值区分布正好相反,前者分布在大通、互助地区,降水盈亏在30 mm附近,可能是受到位于青海省东北部祁连山阻挡的影响较大,后者在同仁地区,靠近黄河源区,一部分水分来源于地下水(图5.2a,b)。拔节—抽穗期降水盈亏呈"西北低东南高"特征,低值区降水盈亏介于56~95 mm,高值区介于101~168 mm,同仁—化隆—民和的干旱程度较重,变化幅度在130 mm以上,是东部农业区春小麦播种—抽穗期内降水盈亏变化最为剧烈的地区,由于正处初夏期,主要受到湟水河下游和黄河源区流域的蒸散发逐渐增大的影响,这部分地区需要加强灌溉来满足春小麦对水分的需求(图5.2c)。抽穗—乳熟期和乳熟—成熟期整个地区春小麦降水盈亏程度缓解程度较大,空间分布极为相似,降水盈亏严重区在贵德和河谷地区的循化,前者幅度在45 mm以上,后者在23 mm以上,而乳熟—成熟期西北部逐渐表现为水分盈余。此阶段正值春小麦生殖生长时期,水分的供求状况对产量的高低起着决定性的作用,河谷地区的水分亏缺严重,生产中应密切关注土壤墒情,做到灌溉及时到位(图5.2d,e)。

5.1.3 生育期内降水盈亏量的年际变化

由于区域平均往往会平滑掉年际间和区域间的差异,因此在前面平均降水量空间分布的基础上,选取区域代表站的原则考虑以下3点:(1)观测序列的持续性,即观测时段内未经迁站,或迁站次数相对较少;(2)与区域平均气候值有较高的相关性;(3)受城市化进程等人类活动影响较小的站点。依照以上原则,对3个区分别选出能够代表本区域降水特征的代表站点,分别为代表暖湿凉温半干旱农牧林区的循化站、代表凉温半干旱农牧林区的同仁站、代表凉温半湿润农牧林区的化隆站。此外,根据每年的年降水盈亏量与多年平均值,分别计算每年的模比系数,再求其差值并逐年依次累加绘成的过程线,称为差积曲线,能较好地反映降水盈亏量的年际间变化情况,当一段时间内差积曲线总趋势是下降的,说明此时期干旱加重;当一段时间内差积曲线总趋势是上升的,说明此时期干旱逐渐减缓(李林 等,2011)。

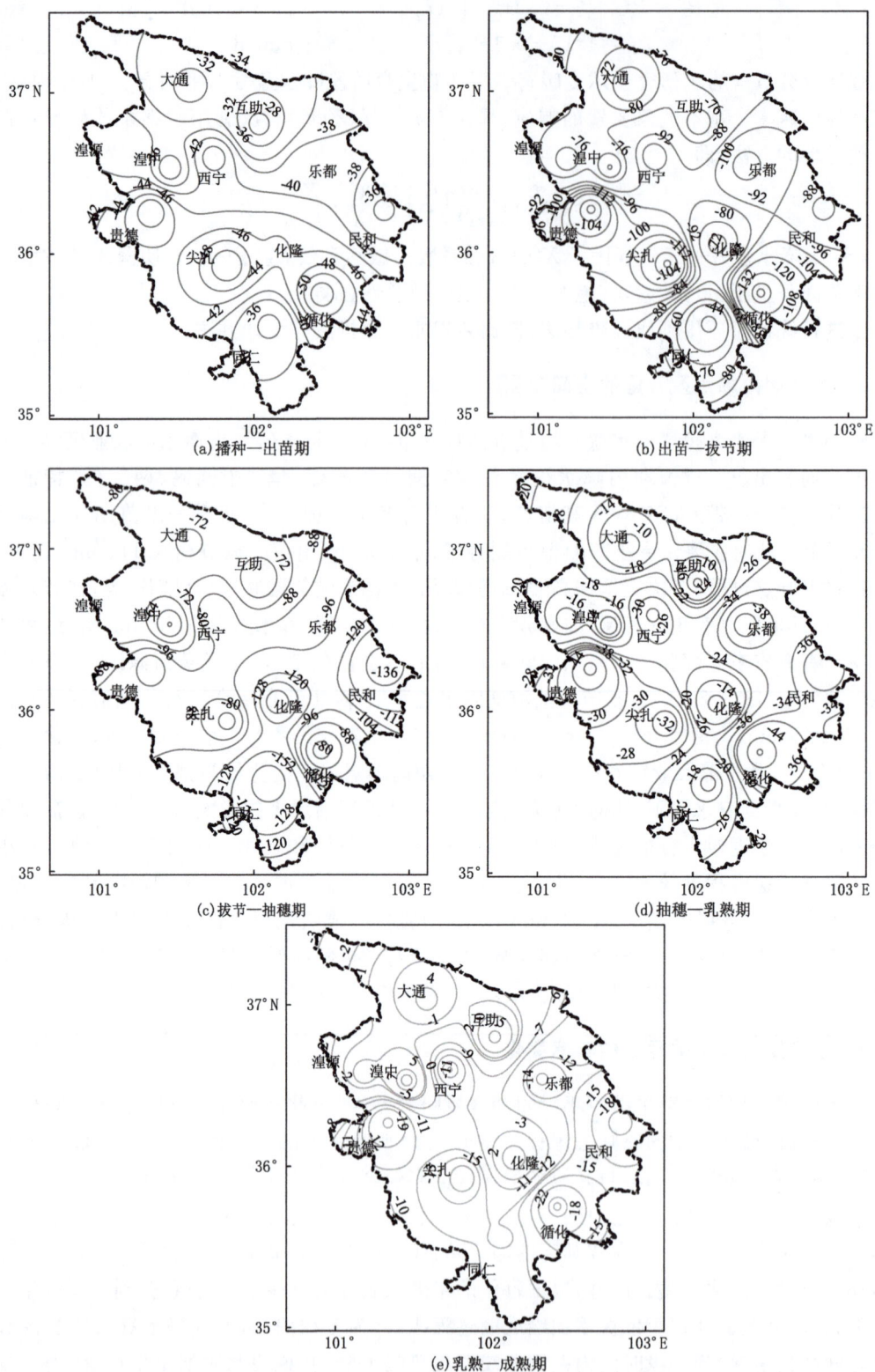

图 5.2 春小麦各生育期年平均降水盈亏量的空间分布

图 5.3 给出了 3 个代表站春小麦每个生育阶段降水盈亏量和模比系数 1961—2013 年年际变化曲线。就各生育阶段而言,各站春小麦前 3 个生育期(图 5.3a～c)多年均有降水亏缺,其中出苗—拔节期、拔节—抽穗期亏缺明显,前期循化的亏缺量最大,介于 91～170 mm,在 1988 年后亏缺量逐渐增大,后期同仁的亏缺量最大,介于 102～219 mm,1988 年之后亏缺量逐渐减小,播种—出苗期循化站亏缺量为 40～74 mm,同仁和化隆站分别为 17～51 mm 和 8～66 mm,3 站均在 1988 年后亏缺量逐渐增大。抽穗—乳熟期(图 5.3d)和乳熟—成熟期(图 5.3e)变化规律较为一致,抽穗—乳熟期除过循化站出现降水盈亏外,盈亏量介于 10～80 mm,较前面生育期有所减小,同仁站和化隆站分别有 5 年和 8 年出现了盈余,在乳熟—成熟期,各站均有降水盈余,其中同仁站有 6 年盈余,循化站有 2 年盈余,化隆站有 34 站出现了盈余,并且 2011 年以来转折盈余的幅度较大。从差积曲线变化看,除拔节—抽穗期循化站、乳熟—成熟期同仁站 1988 年之后呈上升,干旱有所减缓,其余阶段各站的差积曲线变化大体一致,1988 年之后,均明显下降,说明干旱程度加重,响应了全球气候变暖对农业影响(申红艳等,2012),农业遭受干旱程度加重。全生育阶段(图 5.3f)降水亏缺变化区域与出苗—拔节期变化规律最为相似,同仁站亏缺量介于 177～378 mm,循化站亏缺量介于 254～423 mm,化隆站亏缺量介于 94～365 mm,21 世纪以来干旱加重,同时,通过 M-K 突变检验对各站降水盈亏量在各生育阶段做了检验,大多数均在 1988 年发生了突变,与前面的分析一致。因此,要取得农业丰收必须要提高水资源利用率,加强灌溉管理,重视对干旱预防技术提升。

农业遭受干旱程度加重,抽穗—成熟期自 2010 年以来干旱略有上升的迹象。全生育阶段(图 5.3f)降水亏缺变化区域与出苗—拔节期变化规律最为相似,亏缺量介于 150～350 mm,气候倾向率为 1.5 mm/10a,21 世纪以来干旱加重。因此,要取得农业丰收必须要提高水资源利用率,加强灌溉管理,重视对干旱预防技术提升。

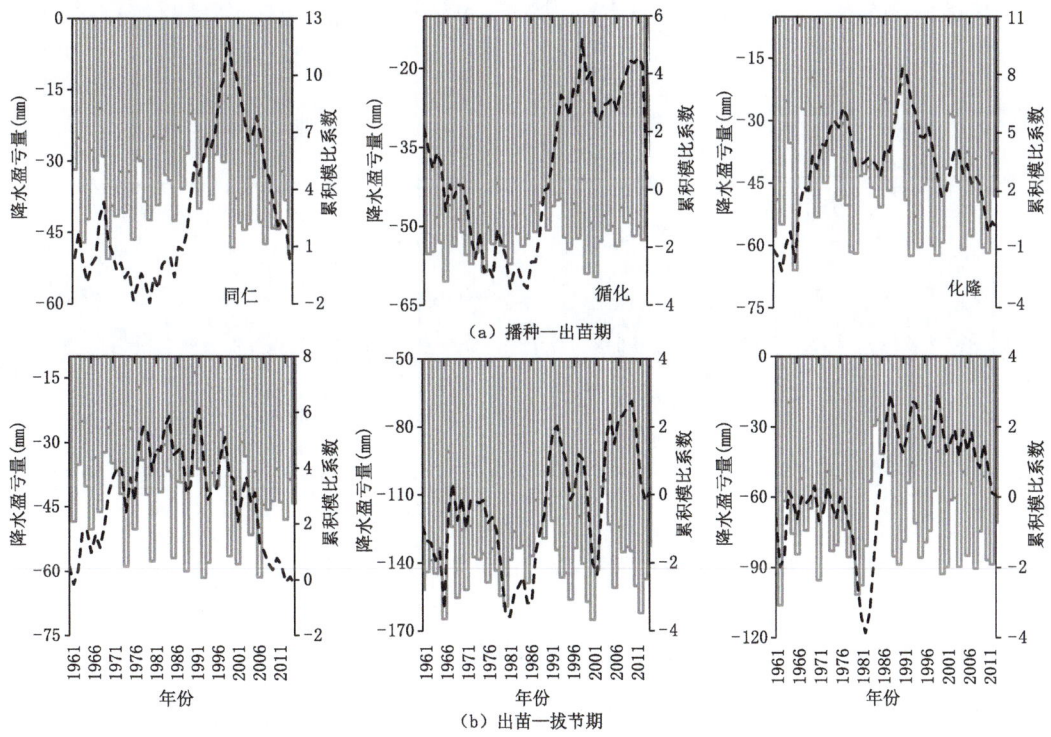

(a)播种—出苗期

(b)出苗—拔节期

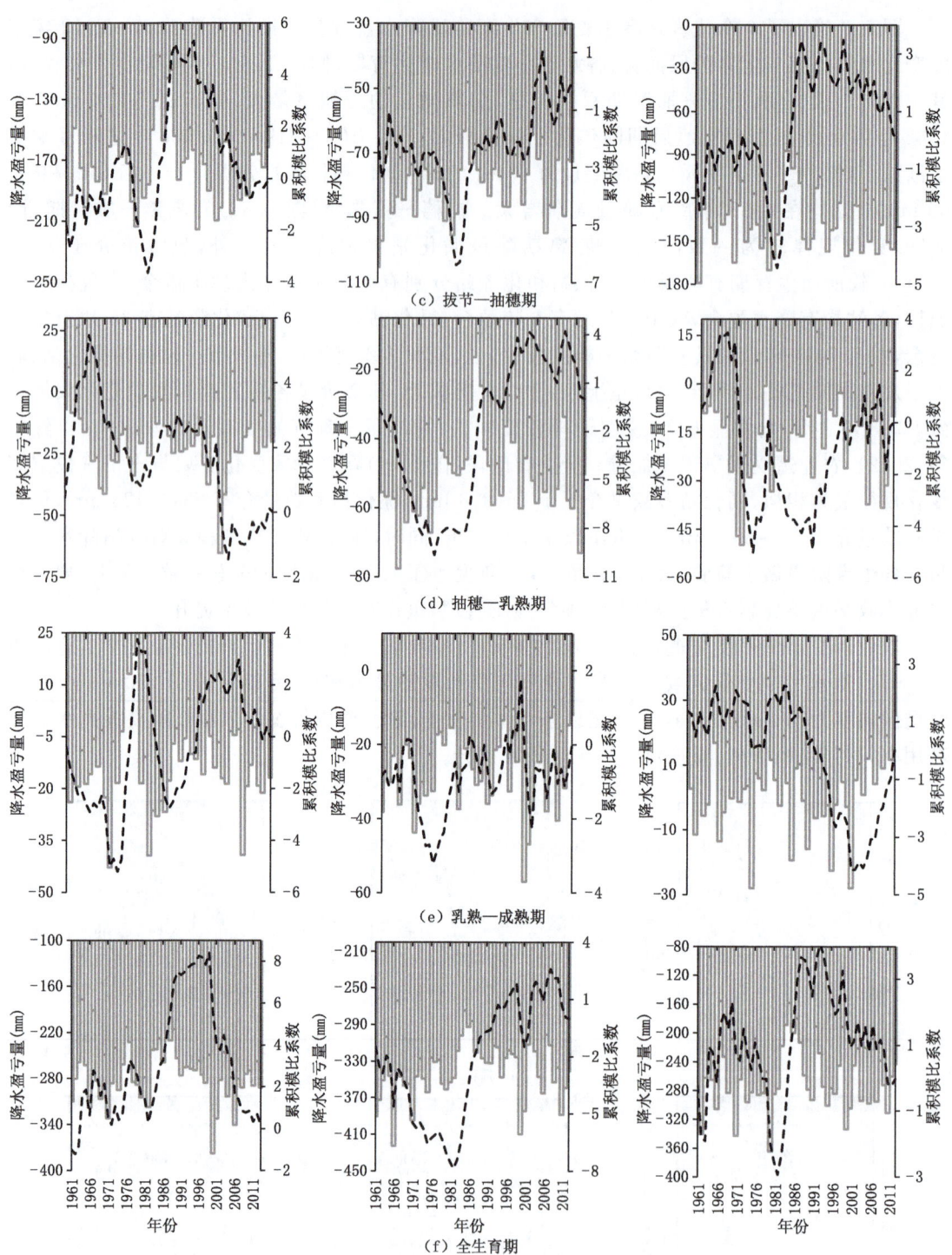

图 5.3 代表站春小麦生育期降水盈亏量的年际变化

5.1.4 生育期内降水盈亏量对影响因素的敏感特征

经上述分析可知:春小麦降水盈亏状况的空间变化和年际变化都存在明显的区域差异。

根据计算原理可知,这种差异与各区域气候条件的变化特征紧密相关。图5.4给出了近53年来青海省东部农业区春小麦降水盈亏量关于平均气温、相对湿度、平均风速和日照时数敏感系数的空间分布。在空间分布上,降水盈亏量关于平均气温的敏感系数表现为西南方向和东北方向呈正敏感,而分布在湟水河中上游大通—西宁段和化隆地区呈负敏感,即意味着气温越高的地区随着温度的升高其降水盈亏越严重,干旱风险越大。在民和、大通两地带降水盈亏量对气温的敏感系数最大值可达2左右(图5.4a)。就降水盈亏量对相对湿度的敏感系数而言,空间态势表现与平均气温正好呈反位相,河谷地区明显高于其他地区,表明越湿润的地区降水盈亏量对相对湿度的变化越敏感(图5.4b)。从对平均风速的响应看,其正敏感区集中在东北部和西南部,而西南部敏感程度低,西北部呈负敏感,这与高程分布有一定的相关,高程越大,风速越大,可以加速蒸散表面水分子转移过程,敏感系数的绝对值越大(图5.4c)。而日照时数敏感系数的空间分布基本与平均风速一致,正敏感的范围分布略有不同,互助和尖扎呈正敏

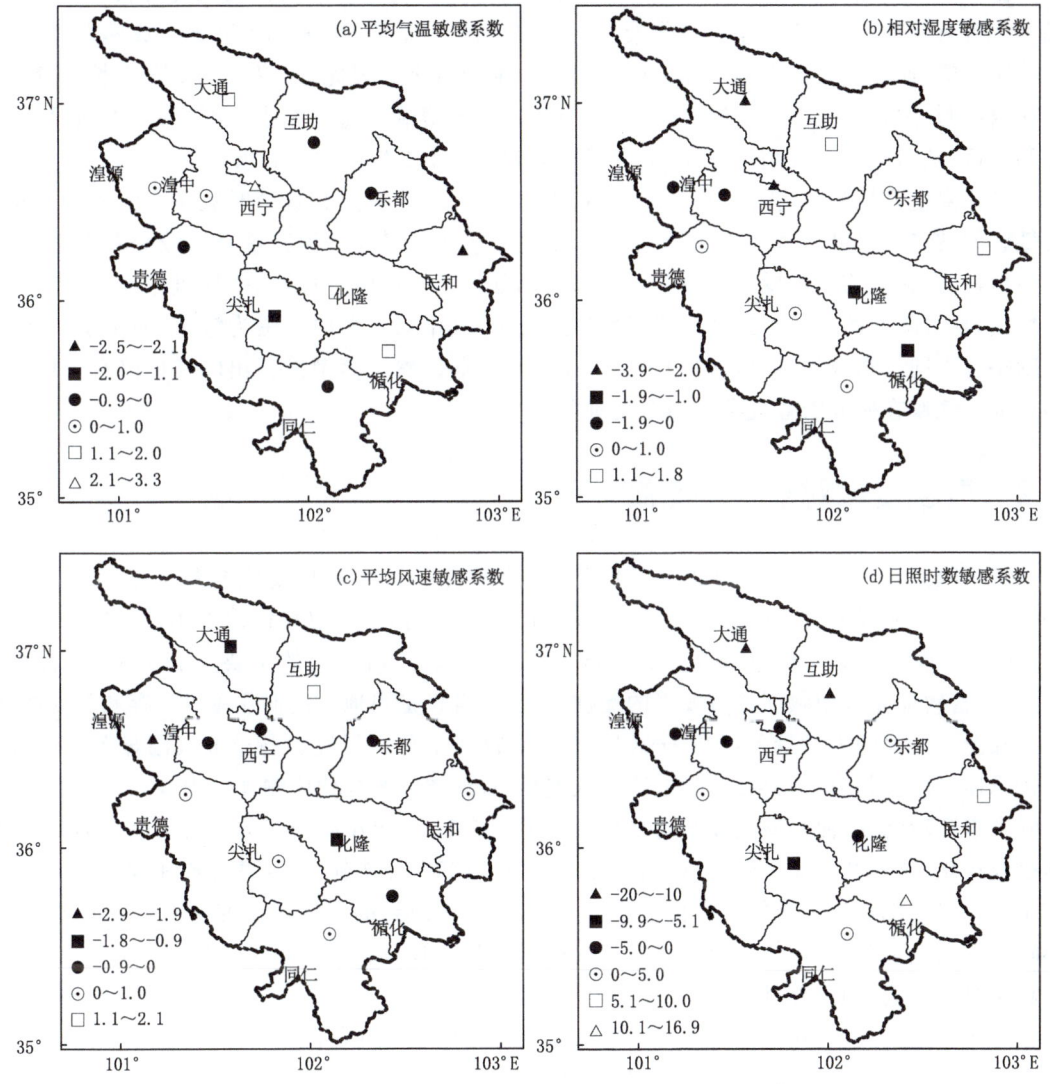

图 5.4 春小麦全生育期降水盈亏量对影响因素的敏感性分布

感,同时敏感幅度大幅提高,大部分地区敏感系数的绝对值均大于 5,大通和循化的敏感系数绝对值可达 10 以上(图 5.4d)。总体上看,春小麦生育期降水盈亏量关于平均气温和日照时数的响应最为敏感,正效应主要是由于日照和风速的减小以及相对湿度的增加所致,负效应主要是由于气温的升高所致。

5.1.5 结论

春小麦降水盈亏量的年际间变化趋势在 1988 年发生突变,这与申红艳等(2012)研究青海省极端气温突变的年份一致。20 世纪 70 年代是各生长期水分亏缺量最小的年代,21 世纪以来干旱加重。

东部农业区局部地区因受风力大、热量低、海拔高的影响,降水盈亏易形成高、低值的闭合区。近 53 年,东部农业区春小麦播种—出苗期和出苗—拔节期内降水盈亏量高值区主要集中在贵德—尖扎—循化一线。拔节—抽穗期内降水盈亏程度由东南向西北减缓,同仁—化隆—民和一带有所加重,是降水盈亏变化最为剧烈的地区。抽穗—乳熟期和乳熟—成熟期降水盈亏有所缓解,而乳熟—成熟期西北部逐渐表现为水分盈余。因此,建议在春小麦生长发育中、后期,特别是灌浆—成熟的关键时期,一方面要强化土壤墒情监测调查力度,另一方面要抓住有利时机,及时开展人工增雨作业,最大程度上满足春小麦生长发育需求量。

春小麦生育期降水盈亏量对平均气温、相对湿度、平均风速和日照时数 4 个气象因素正、负敏感的站点数量分布基本相同,但空间分布差异较大。平均气温正敏感区域分布在湟水河河谷地,其余区域均呈负敏感。由于西北部大部分地区日照时数减小、平均风速减小、相对湿度增大,导致降水盈亏量对这 3 个要素均呈正敏感,其中对日照时数最为敏感,而负敏感区域范围略有不同。这与周瑶等(2013)研究青海东部农业区参考蒸散发得出的结论略有不同,说明局部小气候在研究农业气象方面至关重要。

5.2 气候变化对牧业的影响评估

青南牧区是青海省的主要牧区,属三江源自然保护区生态环境脆弱的地区,海拔均在 3500 m 以上,现有天然草地面积 2141.75 万 hm^2,草地类型以高寒草甸为主体,约占草地面积的 76%,草地既是发展草地畜牧业的基础性资源,又是江河上游的主要生态屏障(王江山,2004)。畜牧业是青南牧区经济发展的支柱产业,而且也是当地人民群众赖以生存和发展的基础。在全球变暖的大背景下,1961—2012 年青南牧区年平均气温和各季节气温显著升高,降水量总体呈增多趋势,但具有明显的区域性差异(青海省气候变化监测评估中心,2012)。由于气候生态环境蠕变,使得畜牧业结构格局发生了显著变化(赵小娟,2008)。目前已观测到的草地植被退化、草地载畜能力降低(韩国军等,2011)、牧草生育期延长等(青海省气候变化监测评估中心,2012)都被认为与气候变化有关。因此,在已认识到的气候条件变化对青南牧业生产影响的基础上,探讨未来气候变化亦或气候持续变暖对牧业造成的可能影响,已成为学者、公众和决策者共同关心的问题。

近年来,国内学者从不同角度对青藏高原气候变化及其对农牧业的影响做了大量研究(格桑 等,2007;宋春桥 等,2012;杨秀海 等,2011;卓嘎 等,2009;张核真 等,2013)。但目前针对青南牧区的研究工作较少,尤其是气候变化对牧业影响的预评估更是鲜有报道,因此,本研究拟采用滑动平均、双线性插值、突变检验、小波分析等多种统计方法,在分析青南牧区牧业生产关键期(牧草生长季、牧草青草期、牲畜抓膘期及牲畜掉膘期)变化特征的基础上,选择政府间气候变化专门委员会(Intergovernmental Panel on Climate Change,IPCC)第5次评估报告公布的 CMIP5(Coupled Model Intercomparison Project phase 5)计划21个全球模式数值模拟结果,通过建立统计模型研究未来典型浓度路径(Representative Concentration Pathways,RCPs)情景下青南高寒牧区生产关键期的变化趋势,以期为当地科学安排牧业生产及适应气候变化工作提供决策参考。

5.2.1 资料与方法

考虑到台站迁徙及资料的稳定性,本研究选取1961—2013年青南牧区沱沱河、泽库、河南、玉树、杂多、囊谦、玛沁、达日、久治9个地面气象站(图5.5)逐日气温观测资料。气候标准期为1971—2000年。未来情景数据采用国际耦合模式比较计划第5阶段(CMIP5)(Xu et al.,2012)中21个全球大气与海洋环流耦合模式数值模拟集合平均结果。温室气体排放情景 RCPs 是目前国际采用的最新气候情景(表5.3),能够完全反映气候公约中稳定大气温室气体浓度的目标(冯婧,2012)。RCPs 特征如表5.3所示。

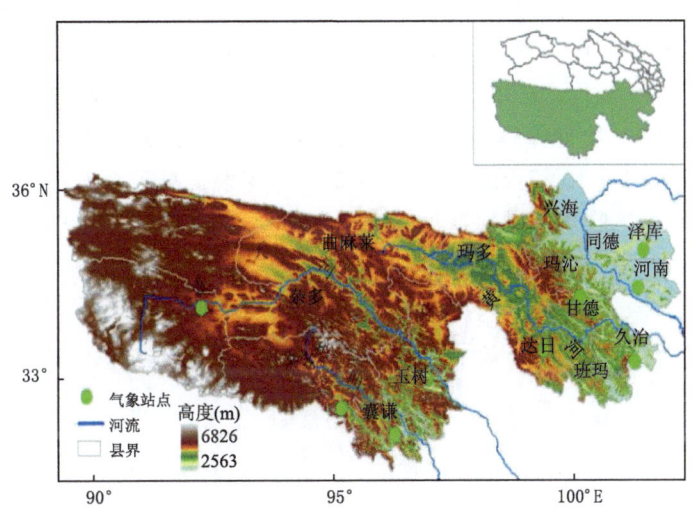

图5.5 青南牧区气象站点的分布

表5.3 典型浓度路径特征

名称	路径形式	辐射强迫	相当浓度
RCP8.5	持续上升	2100年8.5 W/m²	≈1370 CO_2-eq
RCP4.5	没有超过目标达到稳定	2100年后稳定在4.5 W/m²	≈650 CO_2-eq
RCP2.6	先升后降达到稳定	2100年后小于2.6 W/m²	≈490 CO_2-eq

牧草生长季:以春季日平均气温≥0 ℃的初日为牧草生长季的开始期,秋季日平均气温≥0 ℃的终日为牧草生长季的终止期,≥0 ℃的持续日数为牧草生长季。

牧草青草期:牧草青草期的开始期与日平均气温≥5 ℃的初日比较接近,牧草青草期终日与日平均气温≥5 ℃的终日基本一致,因此把日平均气温≥5 ℃的持续日数作为牧草青草期。

牲畜抓膘期：春季，当日平均气温≥5℃时，各类家畜摆脱"春乏期"，逐渐恢复膘情。秋季，当日平均气温下降到-5～5℃时，牲畜的膘情大致维护平衡，也就是不再长膘（张核真 等，2013）。因而，本节中把日平均气温≥5℃初日到≥0℃的终日之间的天数定义为牲畜抓膘期。

牲畜掉膘期：当日平均气温稳定在≤-5℃时，牧草干枯，营养成分下降，放牧牲畜以消耗体内脂肪来抗御外界低温而开始掉膘，故把日平均气温≤-5℃的初日称为牲畜掉膘的开始日，≤-5℃的终日称为牲畜掉膘的结束日，≤-5℃的天数为牲畜掉膘期。

研究中用到了滑动平均法、双线性差值、突变分析、小波分析的统计方法。

5.2.2 牧业生产关键期变化特征

1961—2013年青南牧区9个站牧业生产关键期多年平均值统计显示，牧草生长季平均开始期为4月14日，结束期10月19日，各地牧草生长季持续日数为153.1～283.2 d。近53年青南牧区牧草生长季呈现出开始期提早、结束期推迟趋势（图5.6a），牧草生长季明显延长，速率为1.1～5.6 d/10a，其中囊谦延长的最多（图5.7）。牧草青草期的始期也呈提早趋势，其中在久治最为明显，速率达到7 d/10a，结束期除囊谦略提早外，其余地区趋于推迟，但变化幅度均不如开始期明显，幅度在0.6～3.1 d/10a。近53年来，青南牧区牧草青草期持续日数在64.7～133.2 d（图5.6b），平均以4.8 d/10a的速度延长，其中在久治、泽库为高值区。

由于气温显著上升，1961—2013年青南牧区牲畜抓膘始期提前、结束期推迟，致使持续日数显著延长（$P<0.05$），幅度介于2.2～9.2 d/10a（图5.6c），其中以久治表现得最为突出。从牲畜掉膘期的变化可见，牲畜掉膘期呈现出开始期推迟、结束期提早、持续日数缩短的趋势（图5.6d），开始期平均每10年推迟了0.7～4.3 d，结束期提早了0.4～3.2 d，持续日数缩短了2.2～7.4 d，玉树地区牲畜掉膘期缩短幅度最大。

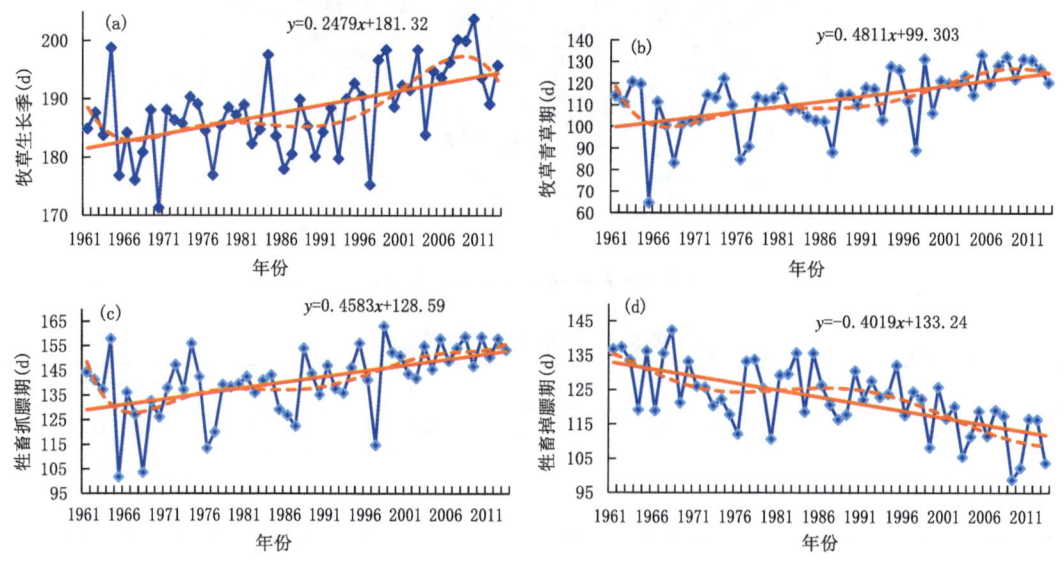

图5.6 1961—2013年青南牧区牧草生长季(a)、牧草青草期(b)、牲畜抓膘期(c)及牲畜掉膘期(d)的变化趋势

从6次多项式拟合的趋势变化整体来看（图5.6），青南牧区牧草生长季与牧草青草期、牲畜抓膘期以及牲畜掉膘期均具有明显的年代际波动，20世纪60年代初至70年代末前3个指

标经过短暂的低值后开始回升，80年代初到90年代末表现为持续时间的偏短期，自90年代末期后呈明显的高值阶段，而牲畜掉膘期呈相反的变化趋势。

综上所述，1961—2013年青南牧区牧草生长季与牧草青草期，以及牲畜抓膘期均表现为开始期提早、结束期推迟、持续日数延长的变化特征，而牲畜掉膘期呈现出开始日推迟、结束日提早、持续日数缩短的变化特点（图5.7）。尤其是近15年这种变化趋势更为明显，有利于青南高寒牧区的牧业生产。

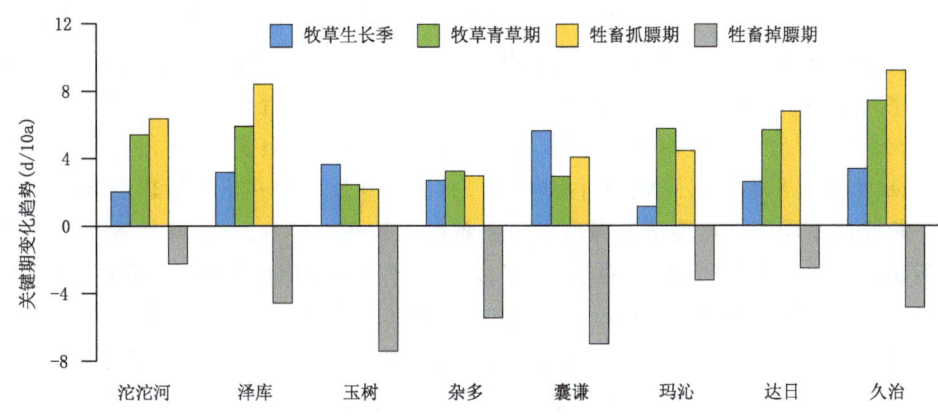

图5.7　1961—2013年青南牧区代表站牧业生产关键期变化特征

（1）突变分析

目前对气候突变的检测比较客观、准确的方法是Mann-Kendall方法（简称M-K法），但也只能对均值突变的检测有把握，利用M-K法对青南牧业关键期53年来是否存在气候突变进行分析。

1961—2013年青南牧区关键期的突变检验结果（图5.8）显示，1961—2013年青南牧区牧草生长季、牧草青草期、牲畜抓膘期和牲畜掉膘期的持续日数都发生了显著的气候突变（$P<$

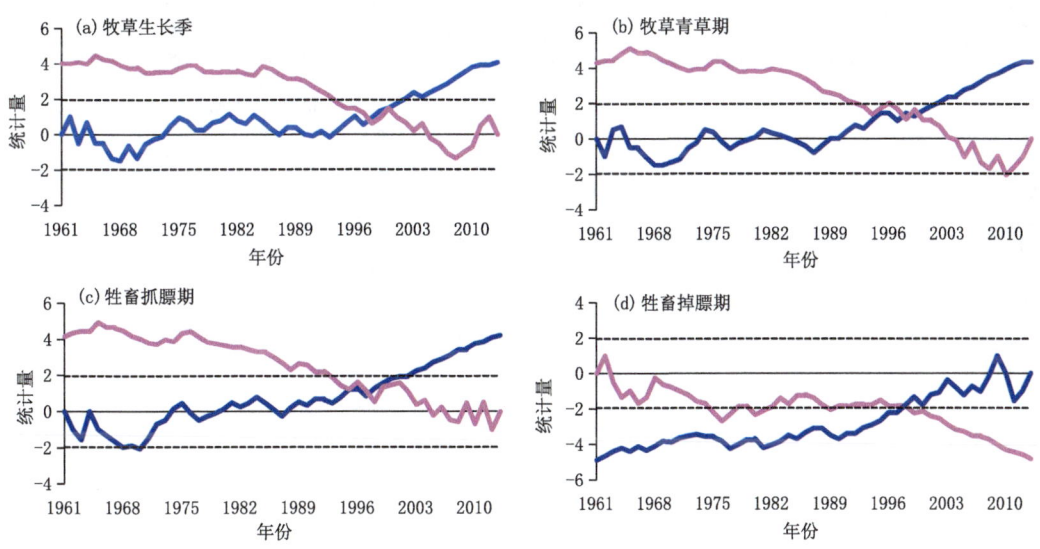

图5.8　1961—2013年青南牧区牧业关键期时间序列的Mann-Kendall突变检验

0.05),并且突变均发生在1997/1998年,牧草生长季、牧草青草期及牲畜抓膘期1997/1998由相对偏短跃变为偏长,而牲畜抓膘期则由相对偏长跃变为偏短。这与李林等(2010)对青海地区气温在1998年由暖向显著变暖突变分析结果是一致的,同时与青藏高原气温在1998年有一次突变发生的检测结果相吻合(丁一汇 等,2008)。可见,青南牧区由于气温升高而导致的牧业关键期变化是对全球变暖的一种响应。

(2)周期分析

采用Morlet小波为基小波的分析中,依据小波系数的实部图结合模数分析,不仅能反映各个周期成分在局部时段的特征,而且模数代表不同参数的小波对总能量的贡献,能清楚地反映出实验序列中各个周期的成分的强度随时间的变化(吴洪宝 等,2005)。根据牧草生长季、牧草青草期、牲畜抓膘期和牲畜掉膘期时间序列进行Morlet小波变换,做出青南牧区牧业关键期Morlet小波实部系数时—频分析图(图5.9),图5.9反映出在不同阶段的同一周期振荡以及同一阶段的不同周期振荡所表现出来的强弱程度是不一样的。近53年牧草生长季没有表现出明显的振荡周期(图5.9a),对于10年以下相对较小的时间尺度,牧草青草期、牲畜抓膘期8～12年的周期突出(图5.9b,c),是一能量高值区。在20世纪60年代中期到90年代,牲畜抓膘期和牲畜掉膘期4～6年周期也十分明显(图5.9c,d),其他周期信号强度都较弱。而对于10年及以上相对较大的时间尺度,牧草青草期、牲畜掉膘期16～18年左右的振荡周期

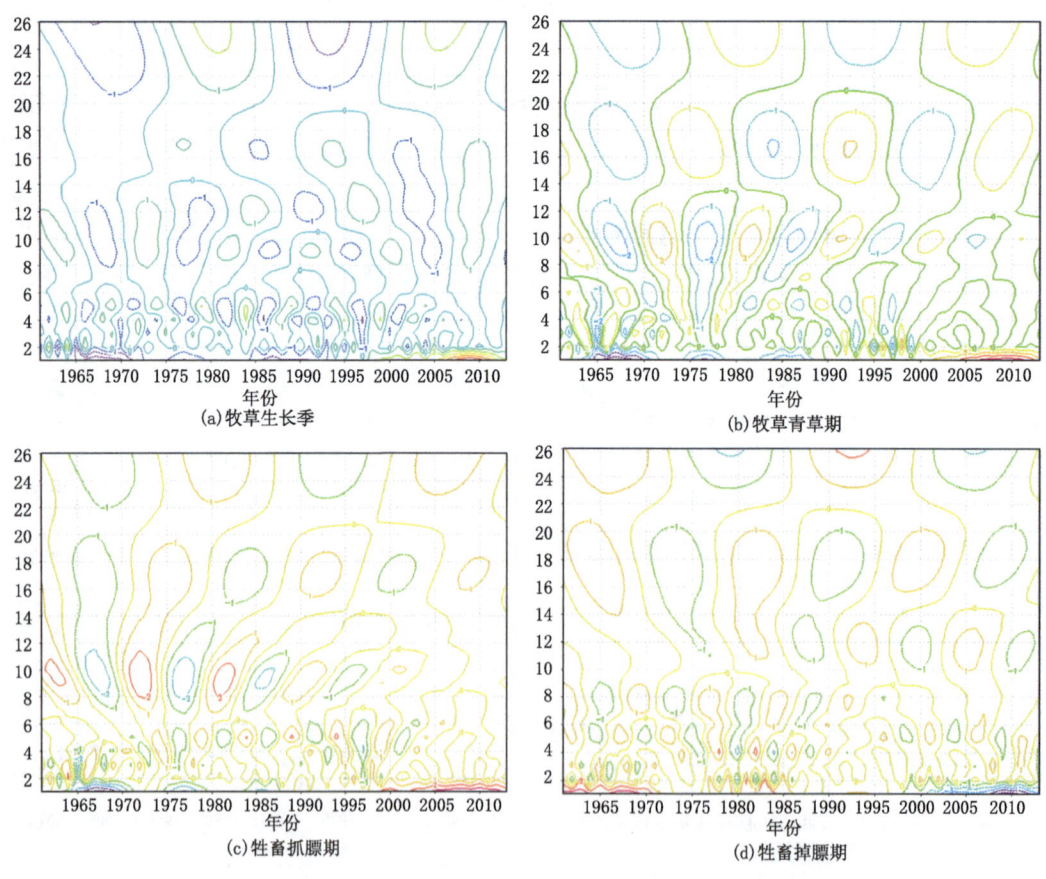

图5.9 青南牧业生产关键期Morlet小波实部系数时—频分析图

较为明显(图5.9b、d),具有较强的信号,这与突变分析及年代际变化的研究结果存在很好的对应关系。

5.2.3 未来青南牧区牧业生产关键期趋势预估

(1)未来牧区气候变化趋势

CMIP5试验全球模式对青海高原气候模拟能力较为稳定(赵天保 等,2014),给出21个模式集合对未来20年青南牧区气温、降水变化的预估结果。根据RCP2.6、RCP4.5和RCP8.5排放情景下青南牧区年平均气温距平、降水距平百分率时间变化曲线(图5.10)可以看出,2015—2035年青南牧区在3种排放情景下年平均气温均呈升高趋势(图5.10a),由于大气中温室气体的逐步增加,气温增幅与排放强度成正比,与气候基准年(1971—2000年)相比,低、中、高3种排放情景下气温分别升高1.78 ℃、1.80 ℃和1.92 ℃。对于降水的未来变化情景,未来20年青海牧区年降水量呈微弱的增多趋势(图5.10b),与气候基准年相比平均偏多2.7%~3.9%。可见,未来较为暖湿的气候条件将可以在一定程度上缓解因热量、水分条件不足对牧草和牲畜的胁迫作用。

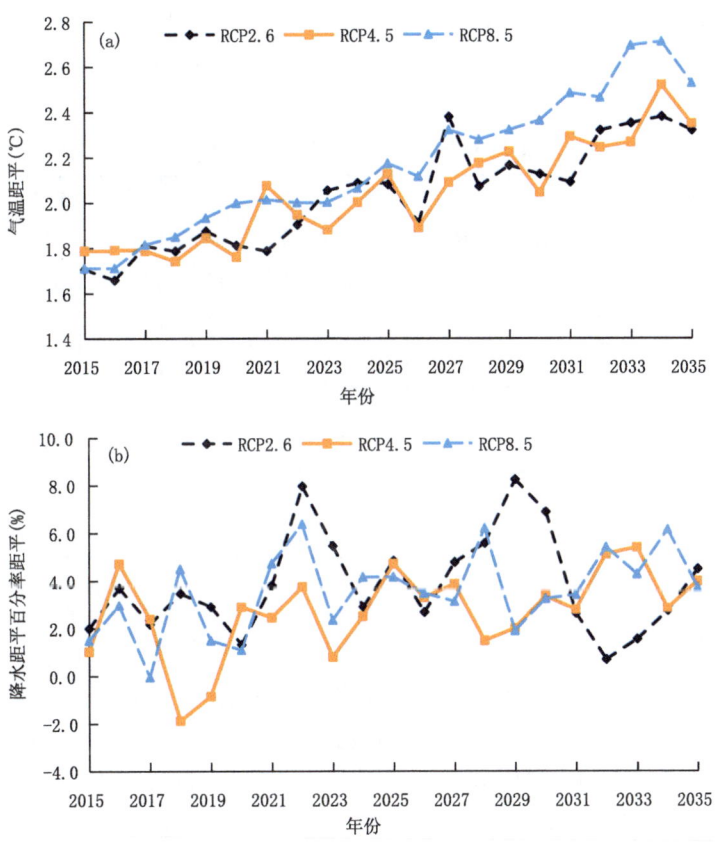

图5.10 2015—2035年青南牧区年平均气温距平(a)及年降水量距平百分率(b)变化趋势

(2)未来生产关键期可能变化

根据青南牧区牧草生长季、牧草青草期、牲畜抓膘期和牲畜掉膘期持续日数与年平均气温的线性相关模型(表5.4),分别计算了3种温室气体排放情景下(RCP2.6,RCP4.5,RCP8.5)未来20年青南牧区牧业生产关键期持续日数的变化情况(表5.5)。

表5.4 青南牧区牧业生产关键期的持续日数与年平均气温的线性相关模型

指标	一元回归方程	相关系数
牧草生长季	$Y=8.421X+185.299$	0.78
牧草青草期	$Y=13.277X+108.032$	0.64
牲畜抓膘期	$Y=14.464X+136.307$	0.72
牲畜掉膘期	$Y=-11.934X+126.234$	-0.81

与1971—2000年基准气候时段比较,RCP2.6情景下,未来20年青海牧区牧草生长季、牧草青草期、牲畜抓膘期平均分别延长11.5 d、18.2 d和18.5 d,牲畜掉膘期缩短15.7 d;RCP4.5情景下牧草生长季、牧草青草期、牲畜抓膘期分别延长12.1 d、19.2 d和19.7 d,牲畜掉膘期缩短16.6 d;RCP8.5情景下,牧草生长季、牧草青草期、牲畜抓膘期分别延长13.2 d、20.9 d和21.5 d,牲畜掉膘期缩短18.1 d(表5.5)。可见,在未来气候变暖的背景下,青南牧区牧草生长季、牧草青草期、牲畜抓膘期延长,而牲畜掉膘期缩短的趋势较为明显,适宜的气候条件对当地的牧业生产较为有利。但值得注意的是,近年来青南也出现了草畜不平衡,草地退化等问题,因此,抓住有利时机,合理调整畜种结构,有效控制牲畜数量,对青南发展牧业经济十分重要。

表5.5 未来20年青南牧区牧业生产关键期变化(单位:d)

年份	低排放情景(RCP2.6)				中排放情景(RCP4.5)				高排放情景(RCP8.5)			
	牧草生长季	牧草青草期	牲畜抓膘期	牲畜掉膘期	牧草生长季	牧草青草期	牲畜抓膘期	牲畜掉膘期	牧草生长季	牧草青草期	牲畜抓膘期	牲畜掉膘期
2015	8.5	13.5	13.5	-11.5	9.7	15.4	15.5	-13.2	9.8	15.5	15.7	-13.3
2020	9.5	15.2	15.3	-13.0	11.3	17.9	18.3	-15.4	11.7	18.5	18.9	-16.0
2025	11.8	18.7	19.2	-16.2	12.6	20.0	20.5	-17.3	13.4	21.2	21.9	-18.4
2030	12.2	19.3	19.8	-16.7	13.8	21.9	22.6	-19.0	14.7	23.3	24.1	-20.3
2035	13.6	21.6	22.3	-18.2	16.1	25.5	26.5	-22.2	18.6	29.4	30.8	-25.8
平均	11.5	18.2	18.5	-15.7	12.1	19.2	19.7	-16.6	13.2	20.9	21.5	-18.1

5.2.4 讨论与结论

此前许多学者对气象条件与牧草生长和牧事活动关系进行了研究。黄德昌等(1995)提出了川西北高原以草食为主的畜牧业生产应遵循的气候规律。杨志华(1980)认为水、热条件是影响绵羊体重增长量多寡的主要因素。李英年(1995)通过分析与气象条件相适应的各类牧事活动的最佳配套时间指出,日平均气温稳定通过0 ℃期间,家畜能吃上草籽和适口性很好的优质牧草,家畜膘情持续稳定,直到日均气温通-5 ℃开始时,家畜膘情才略有下降。张葆成(2010)研究表明,藏东牦牛、藏绵羊、藏山羊和黄牛生长发育适应温度范围为3~22 ℃,在这种温度条件下,牧畜的生理机能较好,利于育肥抓膘。黄爱纤等(2015)研究显示,牧草产量随3—5月气温升高有增加的趋势,3—5月月平均气温每增加1 ℃,干草产量增加585.1 kg/hm²,但降水影响不明显。黄德青等(2011)研究指出,祁连山北坡草地生物量与降水量及相对湿度具有显著的正相关。张核真等(2013)分析得到,近40年藏西北地区由于积温和降水量显著增多,牧草生长季、牧草青草期提前,结束期推迟,持续日数增多,大部分地区牲畜抓膘期日数显著增多,而牲畜掉膘期日数显著减少,这一结论与本研究结果相一致。可见,在气候变暖的背景下,高原大部分地区气温升高、降水增加,水、热条件的改善有利于牧草及牲畜的生长。

本节通过气候统计方法,分析了青南牧业生产关键期的时空变化特征,并结合模式模拟数据预估了未来20年在RCPs情景下牧业生产关键期变化趋势,主要取得以下结论:

(1)1961—2013年,青南牧区牧草生长季与牧草青草期,以及牲畜抓膘期均表现为开始期提早、结束期推迟、持续日数延长的变化特征,延长速率分别为2.5 d/10a、4.8 d/10a和4.6 d/10a,而牲畜掉膘期呈现出开始日推迟、结束日提早、持续日数缩短的变化特点,缩短幅度为4.0 d/10a。

(2)1961—2013年,青南牧区牧草生长季、牧草青草期、牲畜抓膘期和牲畜掉膘期的持续日数都发生了气候突变,突变时间均发生在1997/1998年,牧草生长季、牧草青草期及牲畜抓膘期1997/1998由相对偏短跃变为偏长,而牲畜掉膘期则由相对偏长跃变为偏短。近53年牧草生长季没有表现出明显的振荡周期;牧草青草期8~12年、16~18年的周期突出,是一能量高值区;牲畜抓膘期4~6年、8~12年周期信号强度较强;牲畜掉膘期具有4~6年、16~18年的振荡周期。

(3)2015—2035年,预估RCP2.6情景下,青海牧区平均牧草生长季、牧草青草期、牲畜抓膘期分别延长11.5 d、18.2 d和18.5 d,牲畜掉膘期缩短15.7 d;RCP4.5情景下,牧草生长季、牧草青草期、牲畜抓膘期分别延长12.1 d、19.2 d和19.7 d,牲畜掉膘期缩短16.6d;RCP8.5情景下,牧草生长季、牧草青草期、牲畜抓膘期分别延长13.2 d、20.9 d和21.5 d,牲畜掉膘期缩短18.1 d。

本研究总体上对青南牧区气候变化对牧业关键期的影响进行了分析,为当地牧业发展提供了一定的科学参考,但研究中没有对牧草产量及牧业关键期变化的原因进行详尽的分析,有待于进一步探讨。此外,在未来预估中,气候系统本身的复杂性和模式本身在模拟能力及表述气候系统内部各种物理过程的不完善,相应的预估结果存在着一定程度的不确定性。

5.3 气候变化对典型区域水资源的影响评估

5.3.1 对祁连山区水资源的影响评估

青海省祁连山区是大通河、石羊河、黑河、疏勒河等内陆河流的发源地和径流形成区,是生物多样性保护优先区域。祁连山区承担着维护青藏高原生态平衡和我国西部地区整体生态安全的重任。

20世纪60年代以来,祁连山区气候暖湿化特征明显。1961—2017年,青海省祁连山区平均每10年升温0.45 ℃,升温速率明显高于同期全国平均水平;祁连山地区年降水量呈增加趋势,平均每10年增加6.7 mm;极端温度和强降水事件趋多趋强;近年来,暴雨洪涝等气象灾害频发,与气候相关的环境灾害链现象凸现。

受全球气候变暖和人类活动增加等多种因素的影响,祁连山区冰川消融退缩、积雪日数减少、多年冻土退化明显,"固体水库"作用减弱,水源涵养功能逐渐弱化,祁连山区水资源平衡及可持续利用面临严峻挑战。生物多样性面临威胁,自然生态系统不稳定性加大,气候生态环境脆弱性和风险水平增长。

20世纪末随着全球气候显著变暖以来,祁连山地区气候也发生了较大变化,极端天气气候事件频发,冷夜(暖夜)日数减少(增加)、降水强度增强、大降水日数明显增多、大风(沙尘暴)日数减少、冰川消融加快、多年冻土与季节性冻土水释放,促使河川径流量扩大、湖泊面积增加、水位上升、植被恢复增加、干旱强度降低面积可能缩小,气候向暖湿化发展,特别是进入21世纪初这种变化特征更为明显,因此受到科学家的广泛关注(施雅风 等,2000;李林 等,2005a;李永飞 等,2005;周陈超 等,2005;常国刚 等,2007;王冀 等,2008;郑广芬 等,2010;牛丽 等,2011;贾文雄,2011;别强 等,2013;戴升 等,2013;白爱娟 等,2014;董薇薇 等,2014;贾文雄 等,2014;于国斌 等,2014;代稳 等,2016;陈虹举 等,2017;程建忠 等,2017;王婷婷 等,2018)。现有研究成果尚未准确全面地阐述极端气候事件变化与湖泊、河流等变化的关系以及湖泊水位上升、河流径流量增加的事实及影响。为此,本节采用年降水量(强度)、降水日数、大风日数、暖夜日数以及湖泊水位(面积)、河流流量对祁连山极端天气气候事件的变化特征及演变规律研究,从而对祁连山气候有一个新的认识。为了更好地适应气候变化,确保青海祁连山生态圈的良性发展,建议加强青海祁连山生态研究与监测力度,用科学手段帮助生态恢复,并且完善法律法规,规范青海祁连山的人类活动,为青海湖畔生态圈的恢复提供良好条件。

选取祁连山的大柴旦、德令哈、天峻、祁连、野牛沟、托勒、刚察、海晏、门源、大通、互助、乐都、民和气象站和青海湖下设、大通河享堂、布哈河、沙柳河、巴音河(图5.11)等为代表站,还有哈拉湖面积资料,资料序列为1961—2016年。祁连山区内典型湖泊动态面积引自青海省气象局科研所评估中心卫星监测资料。

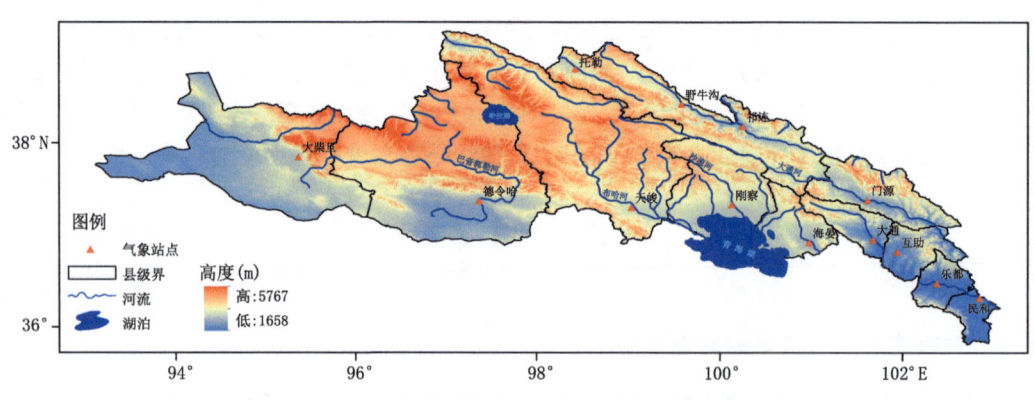

图5.11 青海祁连山气象站及水文站分布

湖泊取最大的青海湖和较大的哈拉湖为研究对象。青海湖水位海拔高,水位与因子之间相关关系不明显,对水位采取高通滤波处理,计算青海湖年水位变化值 $\Delta h_i = h_i - h_{i-1}$,$h_i$、$h_{i-1}$ 分别为当年、上一年青海湖下社水文站年水位,建立水位升降幅度的年序列(李林 等,2005b)。祁连山区较大的河流以青海湖流域河流最多,本节取大通河、青海湖流域的布哈河、沙柳河和祁连山区西段的巴音河为重点研究对象。布哈河、沙柳河在青海湖北岸,流量合并统计,简称布哈河。

5.3.1.1 极端气候指数

表 5.6 是本节研究的极端气候的各种指数,是近年来由 ETCCDMI 所提供的极端气候指标体系的指数(丁裕国 等,2009)。

表 5.6 极端气候指数

指数名称	说明	单位
冷夜日数(10%)	给定时段内日最低气温小于某百分位数(如 10%)的所有天数	d
暖夜日数(90%)	给定时段内日最低气温大于某百分位数(如 90%)的所有天数	d
年降水量	年内有效降水≥0.1 mm 的累计值	mm
≥0.1 mm 降水日数	年内≥0.1 mm 降水日数	d
≥5 mm 降水日数	年内≥5 mm 降水日数	d
≥10 mm 降水日数	年内≥10 mm 降水日数	d
≥25 mm 降水日数	年内≥25 mm 降水日数	d
年大风日数	年内极大风速≥17.2 m/s 的日数	d

5.3.1.2 祁连山极端天气气候事件特征

(1)极端最低气温

20 世纪 80 年代后期气候变暖以来,年平均最低气温上升速率大于最高气温,年平均气温的上升主要是由最低气温上升而引起。1961—2016 年祁连山区冷夜日数(10%)(图略)气候变化倾向率为 -7.27 d/10a,通过了 $\alpha=0.001$ 的显著性检验,呈显著减少趋势。随着气候变暖冷夜日数急剧减少,特别进入 21 世纪减少速率更加明显。21 世纪初(20.3 d)较 1961—2000 年(42.7 d)减少了 22.4 d。用 Mann-Kendall 方法通过突变检验(图略),突变发生在 1986 年,突变时间跟柴达木盆地年平均气温基本一致。

从 1961—2016 年祁连山区暖夜日数(90%)变化(图略)看出,暖夜日数逐年呈显著增加趋势,气候变化倾向率为 5.76 d/10a,通过了 $\alpha=0.001$ 的显著性检验。20 世纪 80 年代后期随着气候变暖祁连山区暖夜日数增加,进入 21 世纪增加速率加快,2016 年达最大值。21 世纪初(50.1 d)较 1961—2000 年(30.4 d)增加了 19.7 d。用 Mann-Kendall 方法突变检验(图略),祁连山区暖夜日数突变发生在 1999 年,时间较年平均气温偏晚(1993 年)。

(2)大风日数

日平均风速 10.8 m/s 以上或瞬时风力 17.2 m/s 为大风天气,年大风日数是逐日出现的大风天气。祁连山区东北部是河西走廊,西南部是柴达木盆地,冷空气必经之路,山区风能资源丰富。风速的大小与周边风沙天气的频率和强弱程度有关,也关系到山区土壤和湖泊、河流的水分蒸发。从 1961—2016 年祁连山区年大风日数变化(图略)得出,气候变化倾向率为 -2.92 d/10a,通过了 $\alpha=0.001$ 的显著性检验。年际变化趋势经历了"增加—减少"的变化过程,1961—1973 年呈增加趋势,然后呈减少趋势,2013 达最小值(16.4 d),1961—2000 年(33.0 d)与 2001—2016 年(23.7 d)相比,减少了 9.3 d。1986 年气候变暖后减少趋势更加显著。用 Mann-Kendall 方法通过突变检验,突变发生在 1990 年(图略),与年平均气温基本一致(1993 年)。

(3)降水量

图 5.12 是 1961—2016 年祁连山区年降水量变化。可以看出,20 世纪 70 年代和 90 年代降水量以偏少为主,60 年代和 80 年代、21 世纪初(2001—2016 年)则以增加为主,尤以 21 世

纪初增加趋势最为显著。年降水量呈现出增多趋势,其倾向率为 8.54 mm/10a。

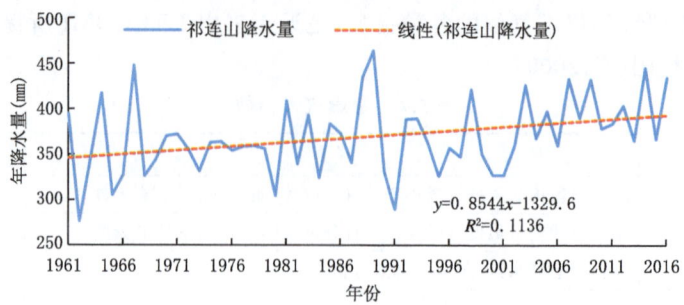

图 5.12　1961—2016 年祁连山区降水量变化趋势

从表 5.7 看出,祁连山区各地年降水量气候倾向率在 －16.24～21.21 mm/10a,除互助、乐都呈减少趋势外,其余地区呈增加趋势,其中祁连山核心区的托勒、野牛沟、祁连、天峻、刚察、德令哈为 11.10～21.21 mm/10a,其增幅明显大于山区东段。祁连山年降水量相关系数均为 0.38,且均通过了 $\alpha=0.01$ 的显著性检验,说明年降水呈显著增加趋势;从各地看,山区核心区的托勒、野牛沟、祁连、天峻、刚察、德令哈 6 站年降水量相关系数在 0.29～0.57,也通过了 $\alpha=0.002$ 的显著性检验,呈增加趋势。进入 21 世纪祁连山区降水量持续增加,跟 1961—2000 年相比,2001—2016 年增加了 24.3 mm(6.6%)。各地增加幅度不太一致,祁连山区东段的互助、乐都略有减少,其余地区均在增加,增加幅度在 2.5%～38.9%,其中西段增加幅度较大,托勒、野牛沟、大柴旦、德令哈、天峻、刚察达 10% 以上,最大的德令哈为 38.9%。

表 5.7　祁连山各地年降水量气候倾向率、年降水量突变年份及其检验结果

项目	祁连山	托勒	野牛沟	祁连	大柴旦	德令哈	天峻
1961—2000 年平均降水量(mm)	359.9	285.3	401.9	403.4	84	164.7	340.9
2001—2016 年平均降水量(mm)	387.0	336.5	466.6	433.5	103.8	228.8	391
距平(%)	7.5	17.9	16.1	7.5	23.5	38.9	14.7
倾向率(mm/10a)	7.45	14.48	18.13	11.76	3.16	21.21	14.91
相关系数	0.34	0.44	0.43	0.33	0.15	0.56	0.32
显著性检验	0.05	0.001	0.001	0.01		0.001	0.01
M-K 检验突变年份	2004	2000	2000	2014	无	1977	2005
项目	刚察	门源	海晏	大通	互助	乐都	民和
1961—2000 年平均降水量(mm)	378.8	519.5	393.3	515.5	522.4	331	351.9
2001—2016 年平均降水量(mm)	414.9	528.1	424.7	539.9	506.8	325.6	330.7
距平(%)	9.5	1.6	8	4.7	－3	－1.6	－6
倾向率(mm/10a)	11.1	2.76	9.02	8.01	－16.24	－1.26	－5.12
相关系数	0.29	0.07	0.19	0.17	－0.3	－0.03	－0.11
显著性检验	0.02				0.02		
M-K 检验突变年份	2014	无	无	无	无	无	无

表 5.7 给出了 Mann-Kendall 检验法对祁连山地区年降水量的突变检验结果,可以看出,祁连山区、托勒、野牛沟、祁连、德令哈、天峻、刚察等发生了突变,除德令哈突变发生较早(1977 年)外,其余地区出现在 2000 年、2004 年、2005 年和 2014 年,全区 2004 年发生突变。由 UF

线得知,自2003年祁连山年降水量有明显的增多趋势,并分别在2012年超过显著性检验 $\alpha=0.05$ 临界线（$u_{0.05}=1.96$）,表明年降水量增多趋势是十分显著的。这比戴升等（2013）对柴达木盆地的突变分析结果较晚。

(4) 降水日数

分别统计祁连山区各地1961—2016年≥0.1 mm、≥5.0 mm、≥10.0 mm、≥25.0 mm不同量级的降水日数。祁连山区≥0.1 mm 以 0.56 d/10a 减少,≥5.0 mm、≥10.0 mm、≥25.0 mm 年降水日数则以 0.65、0.41、0.06 d/10a 速率增加。经检验,≥5.0 mm、≥10.0 mm降水日数增加速率通过了 $\alpha=0.01$ 的显著性检验,≥25.0 mm 年降水日数通过了 $\alpha=0.10$ 的显著性检验,说明祁连山区≥5.0 mm、≥10.0 mm、≥25.0 mm 降水日数呈明显的增加趋势（图5.13b～d）,而≥0.1 mm 年降水日数呈微弱减少趋势（图5.13a）,未通过显著性检验,变化不显著。

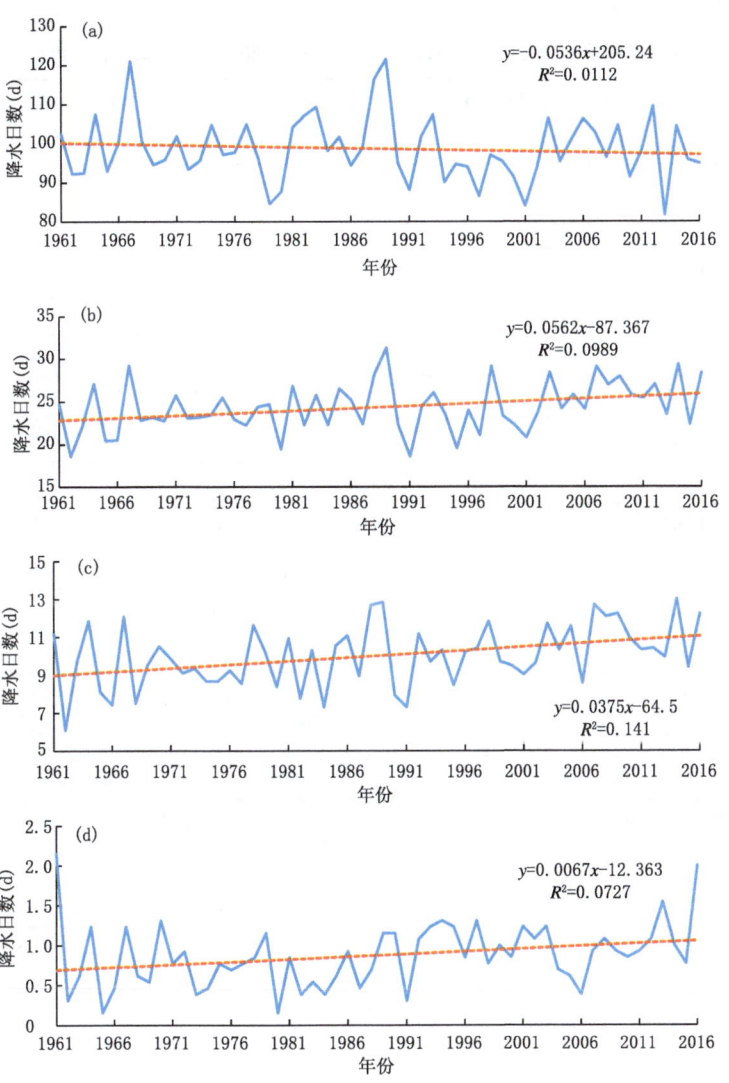

图5.13 1961—2016年祁连山区≥0.1 mm(a)、≥5.0 mm(b)、≥10.0 mm(c)和≥25.0 mm(d)降水日数变化趋势

由表 5.8 可以看出，2001—2016 年、1961—2000 年祁连山区≥0.1 mm、≥5.0 mm、≥10.0 mm、≥25.0 mm 年降水日数分别为 98.8 d、26.2 d、11.1 d、1.0 d 和 99.8 d、23.9 d、9.7 d、0.8 d，两者相比，除≥0.1 mm 年降水日数 2001—2016 年比 1961—2000 年减少 1.0 d 外，≥5.0 mm、≥10.0 mm、≥25.0 mm 则分别增加 2.3 d、1.4 d、0.2 d，相对而言，夏半年增加幅度较冬半年更为明显。从各地≥0.1 mm、≥5.0 mm、≥10.0 mm、≥25.0 mm。2001—2016 年与 1961—2000 年年降水日数差值分析得出，≥0.1 mm 除祁连山区偏西端的托勒、野牛沟、大柴旦、德令哈、天峻、海晏增加 0.5～10.7 d 增加外，其余地区则以 0.6～15.7 d 减少，越往东减少幅度就越大，最大的互助减少 15.7 d；≥5.0 mm、≥10.0 mm、≥25.0 mm 年降水日数绝大部分地区都在增加，只有互助、乐都≥5.0 mm 及海晏、乐都≥25.0 mm 微弱减少，其余地区各级降水日数均呈增加趋势，增加最大的托勒、野牛沟、德令哈、天峻、海晏地区≥5.0 mm 增加 3.4～5.0 d、野牛沟、德令哈、大通≥10.0 mm 增加 2.1～2.6 d，各级降水日数的增加趋势与降水量的变化趋势基本一致的。

表 5.8　祁连山区 2001—2016 年与 1961—2000 年各级年降水日数差值

站名	≥0.1 mm 年降水日数(d)			≥5.0 mm 年降水日数(d)		
	1981—2000 年	2001—2016 年	差值	1981—2000 年	2001—2016 年	差值
托勒	87.1	89.1	2.1	19.9	24.1	4.2
野牛沟	123.4	123.9	0.5	26.8	31.7	4.9
祁连	112.5	110.8	−1.7	28.5	29.9	1.4
大柴旦	35.1	40.4	5.3	5.2	6.8	1.7
德令哈	49.9	60.6	10.7	10.6	15.6	5
天峻	91.9	97.4	5.5	23.3	26.7	3.4
刚察	106.3	105.7	−0.6	24.7	25.9	1.3
门源	133.5	126.3	−7.2	33.8	34	0.2
海晏	106.7	107.5	0.8	25.9	29.8	3.9
大通	129.5	118.1	−11.3	32.8	34.4	1.7
互助	133.3	117.6	−15.7	35	34.2	−0.8
乐都	90.2	88.5	−1.7	21.3	20.9	−0.4
民和	89.6	86.6	−3	22.4	21.2	−0.4
祁连山	99.8	98.8	−0.9	23.9	26.2	2.3

站名	≥10.0 mm 年降水日数(d)			≥25.0 mm 年降水日数(d)		
	1981—2000 年	2001—2016 年	差值	1981—2000 年	2001—2016 年	差值
托勒	7.4	8.6	1.2	0.4	0.5	0.2
野牛沟	9.5	11.8	2.3	0.7	0.9	0.2
祁连	10.4	12.1	1.8	0.5	0.8	0.3
大柴旦	2	2.3	0.4	0.1	0.1	0.1
德令哈	4.3	6.8	2.6	0.3	0.5	0.3
天峻	9.7	10.6	0.9	0.4	0.9	0.5
刚察	9.8	11.6	1.9	0.7	1.4	0.7

续表

站名	≥10.0 mm 年降水日数(d)			≥25.0 mm 年降水日数(d)		
	1981—2000 年	2001—2016 年	差值	1981—2000 年	2001—2016 年	差值
门源	14.7	14.9	0.2	1.1	1.4	0.3
海晏	10.8	12.1	1.3	1	0.8	−0.2
大通	14.2	16.3	2.1	1.8	2.4	0.7
互助	14.7	15.3	0.6	1.7	1.7	0
乐都	9.1	9.3	0.2	1.2	1	−0.2
民和	9.8	9.8	0	1.3	0.9	−0.4
祁连山	9.7	11.1	1.4	0.8	1	0.2

表 5.9 给出了 Mann-Kendall 检验法对祁连山地区各级年降水日数进行了突变检验,结果得出,≥10.0 mm、≥25.0 mm 年降水日数分别在 2001 年、1989 年发生突变(图略),≥0.1 mm、≥5.0 mm 年降水日数未发生突变。相符率表示两个要素同时大于或等于平均值或小于平均值的相同的符号和总样本的比率(%)。

表 5.9 1961—2016 年各极端气候事件与湖泊、各河流的相关系数及相符率

函数	湖泊(河流)	≥5.0 mm 年平均降水量	≥10.0 mm 年平均降水量	≥25.0 mm 年平均降水量	年平均暖日数(90%)	年平均大风日数
相关系数	青海湖水位	0.522***	0.481***	0.433***	0.369***	−0.572***
	巴音河	0.402***	0.306**	0.027	0.511***	−0.323**
	布哈河	0.497***	0.397***	0.257**	0.500***	−0.431***
	大通河	0.646***	0.528***	0.349***	0.212*	−0.375***
相符率(%)	青海湖水位	56.0	60.0	52.0	60.0	80.0
	巴音河	64.0	72.0	56.0	60.0	72.0
	布哈河	58.3	62.5	54.2	62.5	70.8
	大通河	66.7	73.1	51.5	59.3	80.0

注:*,**,*** 分别表示通过 0.10,0.05,0.01 显著性检验。

5.3.1.3 极端天气气候事件对水资源的影响

1998 年气候显著变暖以来,极端天气气候事件频发,青海祁连山地区气候发生了较大变化,冷夜日数持续减少,暖夜日数急增,降水强度增强,大降水日数明显增多,大风日数急剧减少,特别是进入 21 世纪后祁连山地区尤为突出,这些气候要素对湖泊、河流产生了很大影响,使河川径流量扩大,湖泊面积增加、水位上升,气候向暖湿化方向发展速度加快。青海湖为构造断陷湖,湖盆边缘以断裂与周围山相接,其湖水补给主要为降雨和地表径流。2005 年以来青海湖水位持续回升主要取决于全球增暖情形下区域夏季降水强度和降水量的同时增加,地表径流和地下水补给起着一定作用,而冰川融水的贡献则十分有限。受气候湿润化因素控制,流域内地温在该时段也处于增加状态,地温的增加使得多年冻土与季节性冻土水释放,导致湖泊面积的扩张。

(1) 最低气温对水资源的影响

气温作为热量指标对径流量的主要影响在以下四个方面：一是影响冰川和积雪的消融，二是影响流域总蒸散量，三是改变流域高山区降水形态，四是改变流域下垫面与近地层空气之间的温差（常国刚 等，2007）。气温对水资源耗散影响青海湖及巴音河、大通河流域，区域人为活动对水资源的影响程度有限。水文过程变化主要决定因素是气候变化。年平均气温的上升主要是由最低气温的上升而引起的，区域气温上升，短期可能会增加冰雪、冻土融水对径流的补给量，但长期变化对水文循环变量中的蒸发量变化影响较大。气候对湖泊水位的影响主要是通过影响湖泊水量的收支平衡体现出来的。一方面，环青海湖地区气候变化使入湖河流的流量减少，进而导致湖泊水位的下降。另一方面，气温的升高和蒸发的增大，无疑使湖面蒸发量增大，致使青海湖水量存储减少，最终出现水位下降。

图 5.14 显示了 1961—2016 年祁连山区暖夜日数（90%）和青海湖水位（h_i）变化，两者变化趋势呈正相关，相关系数 $R=0.369$（表 5.9），通过了 $α=0.01$ 的显著性检验。2001—2016年、1961—2000 年祁连山区暖夜日数分别为 50.1 d、30.4 d，增加 19.7 d。2001—2016 年、1961—2000 年各地暖夜日数分别为 46.2～56.5 d、28.2～32.3 d，增加幅度为 13.9～28.4 d。最低气温的持续上升，可能使祁连山区冰川、冻土、高山积雪融化，河流流量增加。降水量的增加超过了由于气温上升导致的潜在蒸散量的增加，以致出现世纪性的径流增加与湖泊扩张。这些与温度有关的气候因素的变化导致了水资源的增加，是植被覆盖率增加、湿地增加、湖泊水位上升和产流量增加的重要因素（戴升 等，2013）。祁连山区气候变暖以前（1986 年），暖夜日数（90%）超过平均次数只有 3 次，变暖后超过 22 次，进入 21 世纪次数达 15 次，受气温升高导致冰雪融水增多、降水量显著增加及蒸散量减少的影响，周围各条河流流量呈增加趋势。1961—2002 年青海湖水位连续上升只有 5 次，最长连续年份 3 年，大部不超过 2 年，最大水位上升不过 0.59 m，2004 年水位降到最低点。但从 2001 年开始，随着祁连山区暖夜日数增加速率加快，2003 年开始祁连山区降水量也逐年增加，流域河流流量增加，导致 2005—2016 年青海湖年水位连续 12 年上升，到 2016 年累计上升达 1.67 m，十分罕见。

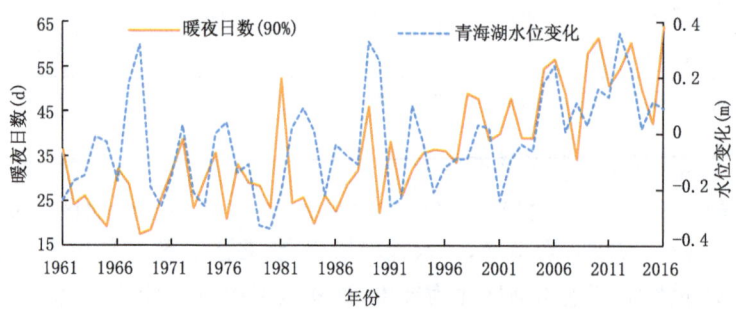

图 5.14 1961—2016 年祁连山区暖夜日数和青海湖水位变化趋势

从 2003—2016 年哈拉湖面积（图略）分析得出，哈拉湖面积以 7.26 km²/10a 的速率增加，通过了 $α=0.001$ 的显著性检验。随着祁连山区暖湿化程度的加快，流域降水量增加，冰川、高山积雪快速融化，入湖流量逐年增加，水位上升，面积增大，湖泊面积由 2005 年的（最小值）602.25 km² 增加到 2015 年（最大值）的 614.31 km²，增大 12.06 km²，增加幅度明显，变化趋势跟青海湖水位上升是一致的。

巴音河、布哈河、大通河(享堂水文站)代表青海祁连山西段、中段、东段的3条河流,巴音河靠近柴达木盆地东北部,年流量较小,只有10.93 m³/s;布哈河处在青海祁连山的复地,青海湖水的主要来源地,年流量35.9 m³/s;大通河是黄河上游的主要支流,年流量达91.6 m³/s,大于湟水河支流的50.3 m³/s(湟水河民和站)。

图5.15是1961—2016年青海祁连山区年暖夜日数(90%)和巴音河(a)、布哈河(b)、大通河(享堂水文站)(c)年流量变化,祁连山区年暖夜日数与巴音河、布哈河、大通河(享堂水文站)年流量成正相关,相关系数分别为0.511、0.500、0.212(表5.9),巴音河、布哈河通过了$\alpha=0.001$的显著性检验,大通河(享堂水文站)通过了$\alpha=0.10$的显著性检验。由图5.15可以看出,巴音河、布哈河和大通河年流量呈现出明显的增加趋势,其变化倾向率分别为0.59(m³/s)/10a、2.34(m³/s)/10a、0.217(m³/s)/10a,相关系数分别为0.392、0.238、0.217,巴音河通过了$\alpha=0.01$的显著性检验,而布哈河、大通河通过了$\alpha=0.10$的显著性检验。对于年流量的增加而言,夏季流量的贡献最大。巴音河、布哈河、大通河2001—2016年与1961—2000年年平均流量差值(表略)分别为3.2 m³/s、12.5 m³/s、0.5 m³/s,分别增加32.3%、38.7%、0.5%,说明青海祁连山中西段随着降水量的快速增加年流量增加幅度较大,而祁连山东段降水量增加幅度不明显,年流量增幅较小。从2001—2016年,巴音河、布哈河、大通河偏丰年和特丰年合计分别为11年、11年、9年,偏枯年、特枯年合计分别为3年、5年、6年,巴音河平水年2年、大通

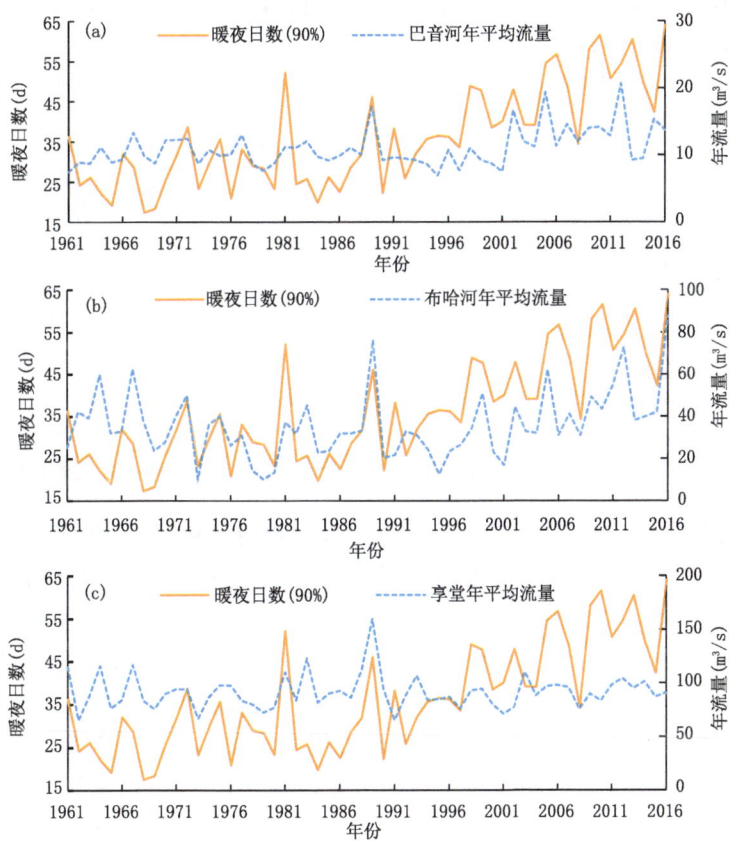

图5.15　1961—2016年祁连山区暖夜日数(90%)与巴音河、布哈河、大通河流量变化趋势

河2年;而1961—2000年年平均流量布哈河、巴音河、大通河丰水以上年份分别为7年、12年、10年,偏枯以下年份巴音河、布哈河均为27年,大通河21年。巴音河、布哈河、大通河年流量的增加跟暖夜日数的增加相依呼应,相符率(水位上升(流量增加)的年数和某一极端气候事件增加(大风减少的年份))达60%、62.5%、59.3%。21世纪以来祁连山区受最低气温升高导致冰雪融水增多、冻土消融、降水量增加的影响,祁连山区河流流量呈显著增加趋势,偏枯年减少,偏丰年大幅增加,巴音河、布哈河进入21世纪变化基本一致,2001年达到相对低点后,年流量从2002年逐年增加,分别于2016年、2012年达历史峰值,分别为87.9 m³/s、20.7 m³/s,大通河缓慢增加,增加幅度小于巴音河、布哈河。

(2)大风日数对水资源的影响

图5.16为1961—2016年祁连山区年平均大风日数与青海湖水位(Δh_i)变化,年大风日数与青海湖水位呈负相关,相关系数$R=-0.572$(表5.9),通过了$\alpha=0.001$的显著性检验。郑广芬等(2010)研究得出,近40多年来西北地区东部沙尘暴日数呈减少的态势。20世纪80年代后期随着全球气候变暖以来,特别是1998年到21世纪初祁连山区气温呈现出持续升温趋势,北方冷空气活动次数呈逐年减少趋势,大风、沙尘暴也随之逐年减少。祁连山区大风日数逐年减少,大风天气的减少,可以缓解湖面和区域土壤因蒸发而导致的水分损失,减轻风沙流动,对于改善生态与环境具有重要的作用,植被的改善可增加径流的产生,流入湖泊的径流量增加。青海湖水位变化与年平均大风日数相符率为80.0%,1987—2016年水位上升次数17次,气候变暖前只有8次,特别进入21世纪后,这种趋势更加明显,大风日数只有2010年大于平均值,水位持续上升,2016年达1.67 m,达20世纪70年代末的水平。

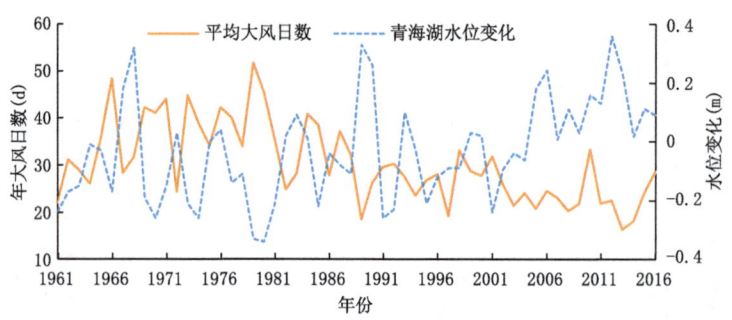

图5.16　1961—2016年祁连山区年平均大风日数与青海湖水位变化趋势

图5.17为1961—2016年祁连山区年平均大风日数与巴音河、布哈河、大通河的年平均流量变化,年大风日数与河流流量的变化趋势和青海湖水位变化一致,也呈负相关,相关系数分别为$R=-0.323$、-0.431、-0.375(表5.9),分别通过了$\alpha=0.01$的显著性检验。祁连山区气候显著变暖后,北方冷空气活动次数减少,风速变小,大风日数较20世纪明显减少,风速的减小,减少了土壤因蒸发而导致的水分损失,再加之降水的增加,植被的改善使径流量增加,年流量逐年增加。巴音河、布哈河、大通河年流量与年平均大风日数相符率为72.0%、70.8%、80.0%(表5.9)。进入21世纪以来,随着大风日数的急剧减少,各流域河流流量快速增加,巴音河、布哈河年流量分别在2012年、2016年达历史极值,但祁连山东段暖湿化程度较慢,大通河流量变化不明显。

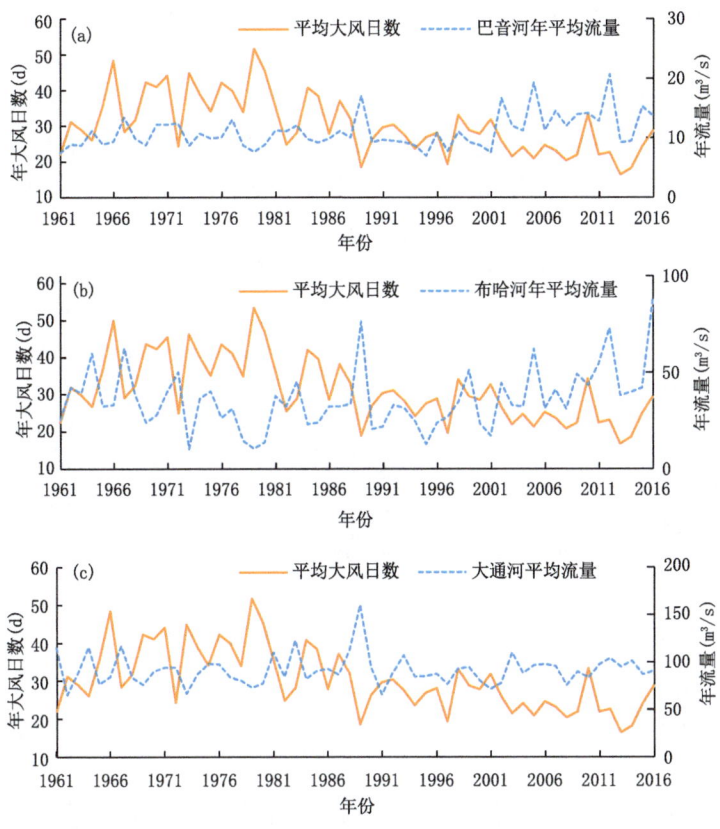

图 5.17　1961—2016 年祁连山区年平均大风日数与巴音河(a)、布哈河(b)、大通河(c)流量变化趋势

(3)降水量及各级降水日数对水资源的影响

图 5.18 为 1961—2016 年祁连山区上年平均降水量与青海湖水位(Δh_i)变化,相关系数为 $R=0.594$(表 5.9),通过了 $\alpha=0.001$ 的显著性检验。流域降水量是青海湖水位上升或下降的直接气候因子,祁连山年降水量与青海湖水位变化分析得出(表略),青海湖水位变化缓慢,降水量年际变化大,上年降水量的增加(减少)与青海湖水位变化上升(下降)成正比,流域降水量对湖水水位的贡献率约有 1 年的滞后期。当年的降水量越多,下年水位恢复越明显,湖水水位变化量向正值转变,表明青海湖水位上升幅度增加。进入 21 世纪祁连山区降水量明显增加以来,青海湖水位逐年上升,2005 年到 2016 年共上升 1.67 m,达最高位,达 20 世纪 70 年末的水位。这与白爱娟等(2014)青海湖水位变化研究是一致的。

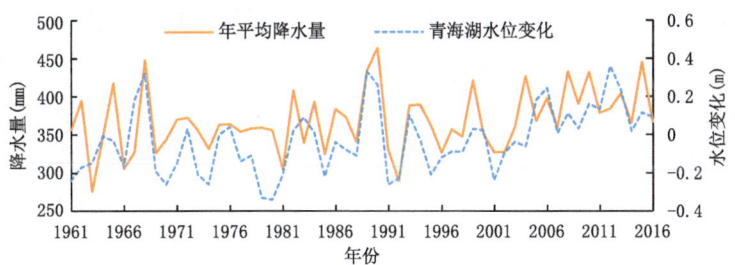

图 5.18　1961—2016 年祁连山区上年年平均降水量与青海湖水位变化趋势

年降水量是决定河流流量增减的主要气候因子。图 5.19 为 1961—2016 年祁连山区年平均降水量与巴音河、布哈河、大通河年平均流量变化,年平均降水量与年流量变化成正相关,相关系数分别为 $R=0.451$、0.544、0.728,均通过了 $\alpha=0.001$ 的显著性检验。1998 年祁连山区气候显著变暖后,暖湿化程度加快,特别进入 21 世纪以来,随着降水量的增加,祁连山中西段河流流量急剧增加,2001—2016 年与 1961—2000 年相比,巴音河、布哈河年平均流量分别增加 19.6% 和 38.7%,巴音河、布哈河年平均流量分别在 2012 年、2016 年达历史极值,分别为 20.7、87.9 m^3/s,而处在祁连山东段的大通河享堂由于降水量增加缓慢或未增加。

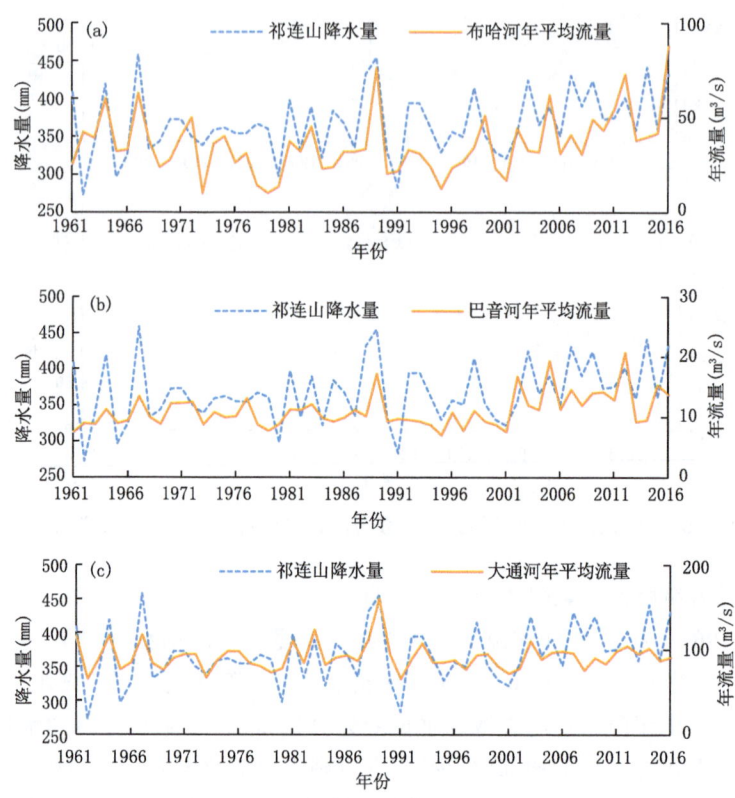

图 5.19　1961—2016 年祁连山区年平均降水量与布哈河(a)、巴音河(b)、大通河(c)流量变化趋势

图 5.20 为 1961—2016 年祁连山区 $\geqslant 5$ mm、$\geqslant 10$ mm、$\geqslant 25$ mm 年平均降水量与青海湖水位(Δh_i)变化,相关系数为 $R=0.522$、0.481、0.433(表 5.9),通过了 $\alpha=0.001$ 的显著性检验。流域降水量是青海湖水位上升或下降的直接气候因子,祁连山年降水量与青海湖水位变化分析得出(表 5.9),青海湖水位变化缓慢,降水量年际变化大,上年降水量的增加(减少)与青海湖水位变化上升(下降)成正比,流域降水量对湖水水位的贡献率约有 1 年的滞后期。当年的降水量越多,下年水位恢复越明显,湖水水位变化量向正值转变,表明青海湖水位上升幅度增加,青海湖水位上升与祁连山区 $\geqslant 5$ mm、$\geqslant 10$ mm、$\geqslant 25$ mm 年平均降水量相符率分别达 56.0%、60.0%、52.0%,表明各级年降水量对水位的上升贡献率较大,上年各级年降水量大,下年水位上升幅度较大。进入 21 世纪祁连山区极端降水量持续增加,大部分年份极端降水量在平均值以上,青海湖水位逐年持续上升,2005—2016 年共上升 1.67 m,达最高位,达 20 世纪

70年代末的水位。这与白爱娟等(2014)青海湖水位变化研究是一致的。

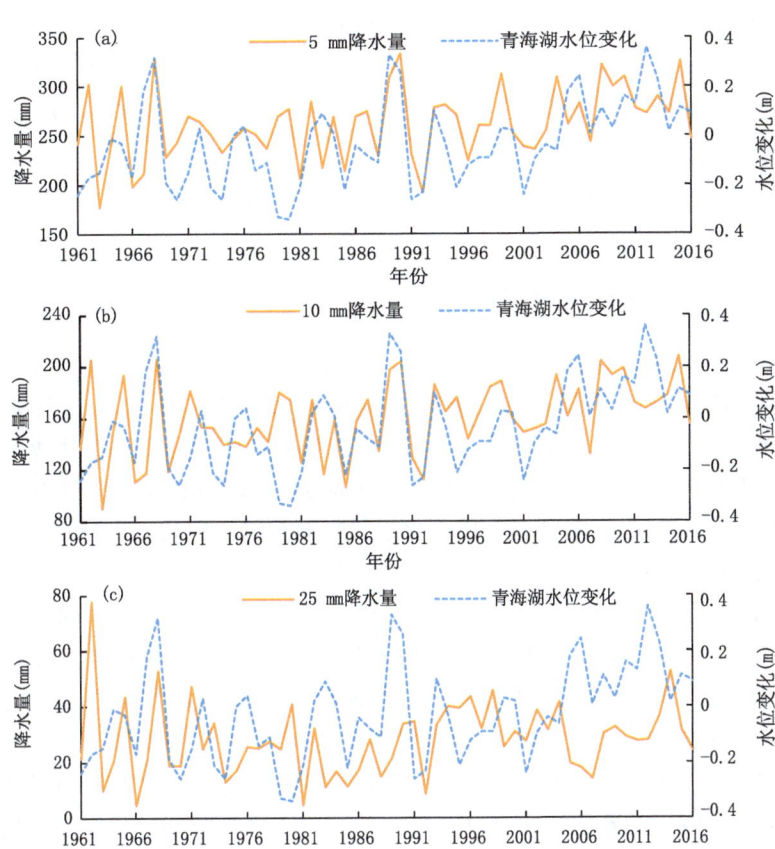

图 5.20　1960—2016 年祁连山区≥5 mm(a)、≥10 mm(b)、≥25 mm(c)年平均降水量与青海湖水位变化趋势

表 5.9 为 1961—2016 年祁连山区≥5 mm、10 mm、≥25 mm 年平均降水量与巴音河、布哈河、大通河年平均流量相关系数,从表看出,各级降水量对年平均流量的产生都有较大的影响,也与各级降水量的多少紧密相关,除≥25 mm 年平均降水量与巴音河年平均流量未通过显著性检验外,其余均通过了 $\alpha=0.05$ 的显著性检验,说明祁连山大降水气候事件对各大河流流量增加的贡献较大,相符率在 51.5%~73.1%,当年各级极端降水量大,则各河流年流量较大。另外也可看出,≥5 mm、10 mm 年平均降水量的贡献大于≥25 mm 年降水量,≥5 mm、10 mm、≥25 mm 年降水量对河流流量的贡献依次减小。

5.3.1.4　结论

(1)1961—2016 年祁连山区冷夜日数逐年呈显著减少趋势、暖夜日数呈显著增加趋势、年大风日数呈显著减少趋势,年降水量 20 世纪 70 年代和 90 年代以偏少为主,60 年代和 80 年代、21 世纪初(2001—2016 年)则以增加为主,尤以 21 世纪初增加趋势最为显著。各地区降水量增加幅度中西段大于东段。全区降水量 2004 年发生突变;≥5.0 mm、≥10.0 mm、≥25.0 mm 降水日数呈显著增加趋势,特别进入 21 世纪更为明显,而≥0.1 mm 日数呈减少趋势。≥10.0 mm 和≥25 mm 年降水日数分别在 2001 年和 1989 年发生突变。

(2)祁连山区最低气温的持续上升,可能使祁连山区冰川、高山积雪融化、冻土消融、流量增加;升温导致陆地上的蒸散加强,促使地气水分循环加快,导致了降水量的增加。两者导致青海祁连山河流径流增加,水位上升。祁连山区大风天气的减少,可以缓解湖面和土壤因蒸发而导致的水分损失,减轻风沙流动,对于改善生态与环境具有重要的作用,植被的改善可增加径流的产生,流入湖泊的径流量增加。

(3)祁连山区降水量与湖泊水位、河流流量呈正相关,流域降水量是湖泊水位上升或下降的直接气候因子。

5.3.2 对黄河上游水资源的影响评估

20世纪80年代以来青海高原的气候变暖,使得三江源区冰川退缩、冻土退化、湖泊萎缩、草场退化、土地荒漠化、水土流失、生物多样性遭受破坏(封建民 等,2004;李栋梁 等,1998;万力等,2003;姚檀栋 等,2004;周陈超 等,2005),而这些生态环境问题都与水循环和水资源有关。黄河源区(唐乃亥以上,下同)流域面积约占黄河流域总面积15.4%,多年平均径流量占全流域总径流量的38.5%,其流量的丰枯变化不仅影响黄河上游的生态环境而且还直接影响中下游水资源量的变化。

在青藏高原大江河径流量演变研究方面,施雅风(1995)、Huang 等(2004)认为,20世纪正处于气候暖干化、水资源萎缩过程中,江河流域的年径流量自60年代中期以来呈现下降趋势,气候变化是黄河上游径流减少的主要驱动力。黄河源区径流与降水量、气温间存在较显著的非线性关系,在全球变暖的气候背景下,随着气温升高,蒸发和下渗增加而使地表径流有所减少(蓝永超 等,2006,2010),孙卫国 等(2010)发现不同季节气候要素对河川径流的影响机制不同,径流变化对区域气候异常的响应时间存在差异。李林等(2004)研究表明降水量的减少特别是夏季降水量的减少直接导致了黄河上游流量的减少。上述研究成果使我们大致了解到黄河源区流量的变化特征及其减少的成因。然而,对于源区流量对气候变化的响应及其预测的研究甚少,因此,有必要应用最新观测资料进行更加深入的研究。本节利用黄河源区的水文、气象资料,着重分析流量对不同气候因子的响应,利用主导因子建立流量变化的预测模型,并结合区域气候模式输出数据经降尺度生成的未来气候情景,预估黄河源区在气候持续变暖背景下的变化趋势,以期为政府及水资源、水利管理部门提供决策依据。

5.3.2.1 资料与方法

选取青海省境内黄河上游唐乃亥水文站1961—2019年59年的年、月平均流量以及黄河源区流域玛多、达日、久治、同德、兴海、泽库、玛沁、红原、若尔盖、玛曲10个气象台站同一时期的年(月)平均气温、年(月)降水量进行统计分析。

在分别求取黄河上游流量时间平均值和相应流域气象站气温、降水时空平均值的基础上,采用统计方法计算了蒸发量、气候倾向率、变异系数及年流量和降水量的归一化值等特征量。

蒸发,文中蒸发量通过高桥浩一郎(1979)公式来计算:

$$E = \frac{3100R}{3100 + 1.8R^2 \exp\left(-\dfrac{43.4T}{235.0 + T}\right)} \tag{5.7}$$

式中,E 为月蒸发量;R 为月降水量;T 为月平均气温。该公式在物理上考虑了2个影响实际蒸发最主要的物理因子,反映出的蒸发特征是与干旱半干旱地区实际状况相吻合(Huang et al. ,2004)。

气候趋势和气候倾向率 设某气候变量资料为一个时间序列,可表示为:
$X_1, X_2, X_3, \cdots X_n$ 它可以用多项式来表示:

$$\hat{x}(t) = a_0 + a_1 t_1 + a_2 t_2 + \cdots a_p t_p \tag{5.8}$$

式中,t 为时间,单位为年(a)。它的含义是用一条合理的直线表示气候变量 x 及其时间 t 之间的关系,即为线性气候趋势。

一般说来,某一要素的气候趋势可用曲线方程、抛物线方程或直线方程来模拟,其趋势变化率方程可表示为:

$$d\hat{x}(t)/dt = a_1 \tag{5.9}$$

将 $a_1 \times 10$ 称作气候倾向率,而 a_1 可用最小二乘法或正交多项式确定:

$$\sum_{t=1}^{n} [x(t) - \hat{x}(t)]^2 = \min \tag{5.10}$$

变异系数是一个表示标准差相对于平均数大小的相对量,主要反映单位均值上的离散程度。目前某一要素的变异系数值 C_v 大多是用矩法来计算(汤奇成 等,1992)。以求算年流量的变异系数为例,计算公式如下:

$$C_v = \sigma_Q / \overline{Q} \tag{5.11}$$

$$\sigma_Q = \sqrt{\sum_{i=1}^{n} (Q_i - \overline{Q})^2 / (n-1)} \tag{5.12}$$

式中,Q_i 为流量,$\overline{Q}$ 为多年平均流量。

归一化处理,为了消除年流量和降水量中 C_v 值的影响,便于两者间不同变化情况的比较,本研究中用 $(k-1)/C_v$ 对流量和降水量进行归一化处理,其中 k 由 $Q_i/\overline{Q}$ 或 $R_i/\overline{R}$ 求得。

5.3.2.2 黄河源区气候变化

由流域多年平均水分平衡方程(孙卫国,2008)可知,大气降水、地表蒸发和气温是影响流量的主要因子。黄河是以大气降水为主要补给源的河流(孙卫国 等,2010),因此,降水是流量演变的驱动因子。气温升高引起蒸发增加,也会使冰雪融水补给增多,从而改变流量的形成条件,是流量的重要影响因素。为此,以下就气温、降水和蒸发量变化趋势进行分析。

(1)气温

气温作为热量指标对流量的主要影响表现在以下几个方面:一是影响冰川和积雪的消融,二是影响流域总蒸散量,三是改变流域高山区降水形态,四是改变流域下垫面与近地面层空气之间的温差,从而形成流域小气候。近 59 年来,黄河源区年平均气温总体呈波动上升趋势,其气候倾向率为 0.45 ℃/10a(图 5.21a)。源区增温主要是从 1987 开始,且有加快的趋势,20 世纪 60 年代平均气温为 −0.66 ℃,90 年代达到为 0.18 ℃,比 60 年代升高 0.53 ℃。在 2000 年后的气温升高尤为突出,比 90 年代增加了 1.12 ℃。

(2)降水

黄河源区近 59 年来年均降水量没有出现明显的趋势性变化(图 5.21b),但具有明显的年际和年代际振荡。从降水的年代际变化来看,20 世纪 60 年代初期至 70 年代中期为降水减少时段,70 年代中期至 80 年代末进入多雨期,90 年代后又经过一个低值阶段,进入 21 世纪降水有开始回升的趋势。就显著性水平而言,降水量变化趋势未通过 $\alpha = 0.05$ 的显著性检验。经

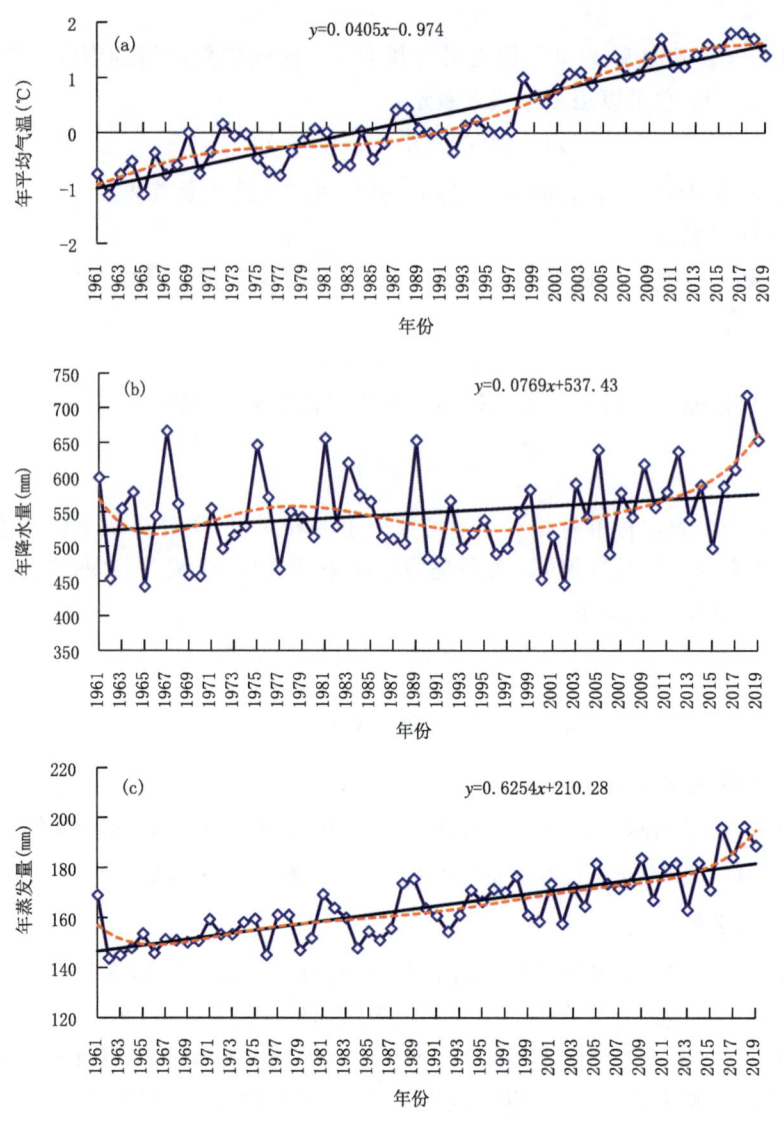

图 5.21 1961—2019 年黄河源区年平均气温(a)、年降水量(b)及年蒸发量(c)变化趋势
(图中黑色实线为线性趋势线,红色虚线为 6 次多项式拟合曲线)

统计,源区冬、春季降水量呈增多趋势,且春季降水量增多趋势显著,通过了 $\alpha=0.01$ 的显著性检验,而夏、秋两季则表现出微弱的减少趋势,但由于占年降水量近 82%,从而削弱了冬春季特别是春季显著的增多趋势,使得年降水量的增多趋势表现得并不显著。

(3)蒸发

由高桥浩一郎(1979)公式计算得出的 1961—2019 年黄河源区蒸发量年际变化曲线(图 5.21c)可以看出,近 59 年来,黄河源区年蒸发量呈显著增大趋势,其气候倾向率为 6.1 mm/10a,并通过了 $\alpha=0.001$ 的显著性检验。从 6 次多项式拟合曲线来看,蒸发阶段性波动不明显,但近几年来特别是 2005 年后该地区年蒸发量较前期有明显的上升态势,这与平均气温的年际变化相符。可见,源区气温的普遍升高对蒸发量显著增大的趋势起到了推波助澜的作用。

5.3.2.3 黄河源区流量变化及对气候变化的响应

(1)流量变化趋势

图 5.22 为 1961—2019 年黄河源区年平均流量变化曲线。近 59 年来源区流量呈递减趋势,其速率为 $-14.1(m^3/s)/10a$,但未达到显著性水平。由 6 次多项式拟合曲线可以看出,流量在年代际的变化上经历了 5 个丰、枯阶段,呈大—小—大—小—大的变化趋势,这与降水时间序列变化存在很好的对应关系,可以看出,黄河源区流量对年降水异常比较敏感。

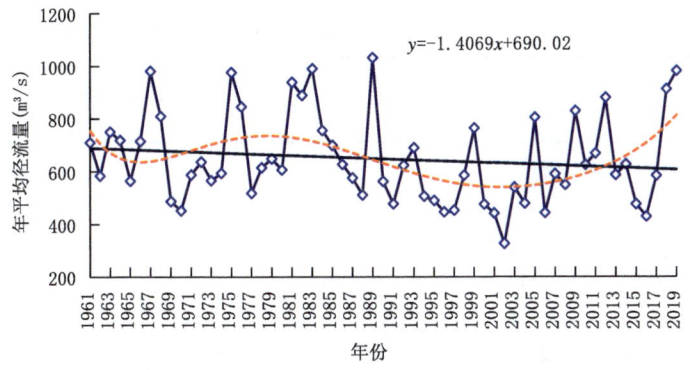

图 5.22　1961—2019 年黄河源区年平均流量变化趋势
(黑色实线为线性趋势,红色虚线为 6 次多项式拟合)

(2)源区流量丰枯变化

根据径流的丰、枯评定标准(施雅风,1995),将流量按其模比系数 K($K=W_i/W_m$,W_i 为某年年径流量,W_m 为多年平均径流量),依照表 5.10 标准分成 5 个丰、枯级别。1961—2019 年,特枯共出现 17 年,偏枯 16 年,特丰 14 年,偏丰 7 年,平水仅出现 5 年;枯年(特枯、偏枯)出现频率达 55.9%,可见,黄河源区流量多以枯水为主,这与近几十年来该地区的气温升高、蒸发加大等气候变化趋势密切相关。且特丰及特枯出现频率高达 52.5%,说明随着气候异常不断加剧,黄河源区流量出现极端变化的频次增多。

表 5.10　1961—2019 年黄河源区径流丰枯频率对比

级别	特丰	偏丰	平水	偏枯	特枯
划分标准	$K>1.17$	$1.04{\leqslant}K{\leqslant}1.17$	$0.97{\leqslant}K{\leqslant}1.03$	$0.84{\leqslant}K{\leqslant}0.96$	$K<0.84$
频次	14	7	5	16	17
频率	23.7%	11.9%	8.5%	27.1%	28.8%

(3)源区流量对气候变化的响应

表 5.11 给出了黄河源区流量与年降水量、平均气温及蒸发量的相关关系。可以看出:①平均气温与流量总体上呈负相关关系,表明在黄河源区气温升高对于加大流域蒸发量导致流量补给的减少作用要大于其升高致使冰雪融水的补给作用;尽管气温影响冰雪融水补给流量的作用在年尺度上并未显现出来,但有研究指出(常国刚 等,2007),黄河源区冬春季流量的补给以冰雪消融为主。有关气候数值模拟推算了气温变化对流量造成的可能影响:若降水不变,气温升高 4℃时,流域径流量可减少 15% 左右(施雅风 等,1995);②由图 5.23 也可看出流量与年降水量两者年际波动具有较好的一致性,相关系数达 0.81,表明降水对流量具有决定

性的影响。统计黄河源区流量、降水量的变异系数分别为 0.26、0.11，径流的变异程度较大，降水变化相对缓和，进一步说明降水变化会被放大并反映在径流上；③年蒸发量普遍与流量呈负相关关系，表明蒸发量作为地表水分平衡当中重要的支出项，蒸发量的增大必然导致流量的减少，反之亦然，其物理意义是显著的；④从区域气候变化的影响机制来说，近 59 年黄河源区年降水无明显变化，而温度升高增加了河流的蒸发状况，这种趋向暖干方向的气候变化趋势是导致近年来源区流量减少的主要原因。但 2003 年后源区流量出现明显回升，显然这与同期降水量的增多不无关系。

表 5.11　唐乃亥站流量与黄河源区同期各气候要素的相关系数

	平均气温	降水量	蒸发量
流量	−0.19	0.78****	−0.04

注：**** 表示通过 0.001 显著性检验。

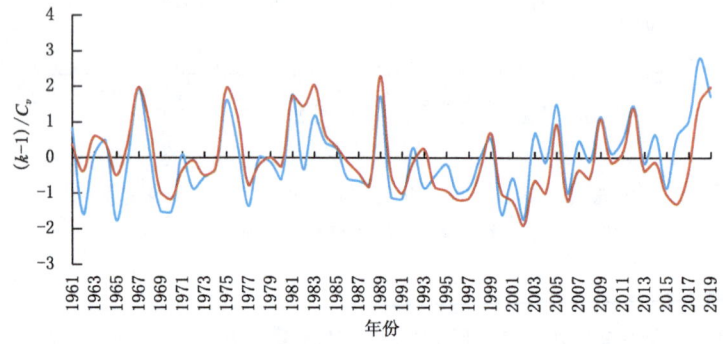

图 5.23　1961—2019 年黄河源区年降水量（红线）和流量（蓝线）标准化曲线

5.3.2.4　未来黄河源区流量预估

（1）源区流量预估模型的建立

为显现以上气温、降水及蒸发因子对黄河源区流量的综合影响，下面给出了各因子原始数据倚流量的回归方程：

$$Q = -998.868 - 119.269T + 2.702R + 49.89E \tag{5.13}$$

式中，Q 为年平均流量（m³/s），T 为年平均气温（℃），R 为年降水量（mm），E 为年蒸发量（mm），经检验，上式复相关系数为 0.88，$F=52.11$，通过了 $α=0.01$ 的显著性检验，说明回归方程及各因子的方程贡献是显著的。图 5.24 为实测值与方程模拟值的对比曲线，多数年份拟合很好，平均相对误差为 10.05%，表明该方程用于估算黄河源区年平均流量具有较高的可信度，同时也说明气候变化是黄河源区流量变化的主要驱动力。

（2）未来气候变化情景下黄河源区流量预测

利用国家气候中心 2009 年 11 月发布的中国地区气候变化预估数据集（2.0 版本），经降尺度生成黄河源区未来气候情景，预计在未来温室气体中等排放情景（SRESA1B 情景）下，源区 2020 年气温较 1961—1990 年（30 年）标准气候值相比升高 1.48 ℃，降水增加 5.15%，2050 年气温升高 2.83 ℃，降水增加 8.47%，综合以上结果，黄河源区未来 40 年持续增温的趋势不可避免，降水虽较基准期有递增趋势，但幅度不明显。根据上节建立的流量预估模型，计算出 21 世纪 20 年代和 50 年代黄河源区年平均流量，由表 5.12 可以看出，在 SRESA1B 情景下，未

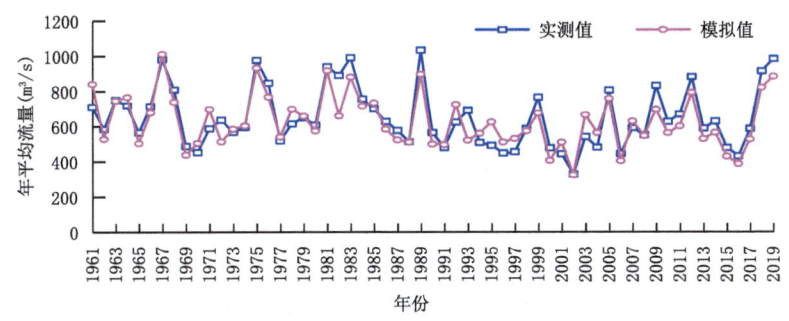

图 5.24 1961—2019 年黄河源区年平均流量实测值与模拟值(单位:m³/s)对比曲线

来源区流量呈明显减少趋势,20 年代和 50 年代年平均流量分别为 593.61 m³/s 和 525.11 m³/s,与基准期(1961—1990 年)相比分别减少 14.9% 和 24.7%。以上分析看出,未来源区径流量的减少显然是气温上升所导致的径流蒸散发损耗超过降水量的补给所致。这一结论也与某些研究结果相吻合,如赖祖铭(1996)在考虑了冻土、积雪、湖泊和降水气温分布后,建立了黄河上游流域气候变化月径流影响模型,并对流量进行了估算,结果表明,当气温升高 2 ℃时,即便流域平均降水量增加 10%,年平均径流也将减少 7% 左右,即气温升高 1 ℃ 所引起的径流变化和降水减少 6.4% 所引起的径流变化相等。赵芳芳等(2009)通过统计降尺度 SDS 情景模拟表明,黄河源区未来径流量的减少趋势不可避免,未来 3 个时期(21 世纪 20 年代、50 年代和 80 年代)将分别减少 24.15%、31.79% 和 41.33%,而 Delta 情景下源区年平均流量变化相对较小。但也有研究指出,未来 30 年里,黄河上游的径流量将随降水量的增加而进入一个相对丰水的时期(蓝永超 等,2006)。未来气温将持续上升,而降水的增减却存在着很大的不确定性。因此,河源区流量的变化亦存在着很大的不确定性。随着未来社会经济的进一步发展,黄河流域用水量将进一步增长,黄河源区乃至整个黄河流域的水资源供需形势不容乐观。

表 5.12 未来 SRESA1B 气候情景下 21 世纪 20 年代和 50 年代黄河源区年平均流量的响应变化

SRESA1B 情景	T(℃)		R(%)		Q(m³/s)		Q'(%)	
	20 年代	50 年代	20 年代	50 年代	20 年代	50 年代	20 年代	50 年代
黄河源区	1.48	2.83	5.15	8.47	593.61	525.11	−14.9%	−24.7%

注:T 表示年平均气温;R 表示年降水量;Q 表示年平均流量;Q' 表示与基准期(1961—1990 年)相比年平均流量变化。

5.3.2.5 结论

(1)近 59 年来黄河源区气温呈波动上升态势,尤其近 10 年来升幅更为显著;年降水量没有出现明显的趋势性变化,但具有明显的年际和年代际振荡;年蒸发量呈显著增大趋势,这与源区气温的普遍升高不无关系。

(2)1961—2019 年黄河源区流量呈递减趋势,在年代际的变化上经历了 5 个干、湿交替阶段,呈大—小—大—小—大的变化趋势。源区流量多以枯水年为主,这与近 59 年来源区的气温升高、蒸发加大等气候变化趋势密切相关。

(3)源区流量变化对年平均气温、降水量及蒸发变化响应敏感,其中降水对流量具有决定性的影响,且降水变化会被放大并反映在流量上。

(4)未来源区气温将持续上升,降水略有增加,因气温上升所导致的径流蒸散发损耗超过降水量的补给而使源区流量呈减少趋势,21世纪20年代和50年代分别较气候标准期(1961—1990年)减少14.9%和24.7%。

5.4 气候变化对三江源地区冻土的影响评估

冻土一般是指温度小于或等于0℃,并含有冰的各种岩土和土壤。由于冻土独特的水热特性使其成为地球陆地表面过程中一个非常重要的因子。气候变化作为冻土分布的主导因素会影响冻土的深度和分布范围(符传博 等,2013),而冻土的变化又反作用于生态与气候系统(陈博 等,2008)。季节性冻土在温度年变化层的上部,更接近于地表,对气候变化更为敏感,反应更为迅速(王澄海 等,2001)。众多学者在青藏高原冻土研究方面取得了一些有意义的成果,高荣等(2008)、李韧等(2009)、李林等(2005)研究揭示了青藏高原冻土总体上退化事实;张国胜等(2007)研究青海高原季节冻土退化的驱动因素时得出人类活动对季节冻土退化的贡献率要远大于气候变化的贡献率且气候变暖是造成季节冻土退化的主导气候因素,汪青春等(2005)研究得出气候变暖已引起高原冻土面积的减少和下界的升高;叶殿秀等(2011)指出近50年来青海玉树最大冻土深度呈显著的阶段性变化特征,没有明显的线性变化趋势。上述研究成果表明,青藏高原冻土整体呈退化趋势,但区域变化特征空间差异性比较明显。玉树地区地理位置大致介于89°27′~97°39′E,31°45′~36°10′N,平均海拔在4200 m以上(图5.25),在青藏高原腹地构成了自成体系的自然区域,境内有"三江源国家公园""中国面积最大世界自然遗产地——可可西里自然保护区"等。同时该地区也是自然生态系统中最敏感、最脆弱的地区,自然环境变化已引起各级政府部门和许多学者的关注。气候变化带来的冻土变化不仅加剧高寒沼泽湿地和湖泊的萎缩、高寒草地沙漠化和荒漠化等(罗栋梁 等,2012;黄以职 等,1993;张森琦 等,2004;张山清 等,2013),也对各种工程引起严重影响(朱春鹏 等,2004;吴青伯 等,2005)。目前,在全球气候变暖的背景下,对玉树地区季节性冻土的变化规律还没有进行更多细致的研究,本研究将采用最新的玉树地区最大冻土深度资料来分析本区域冻土变化特征,以明确玉树地区季节性冻土深度变化对气候变暖响应规律,以期为该地区生态环境保护和经济建设提供科学的参考依据。

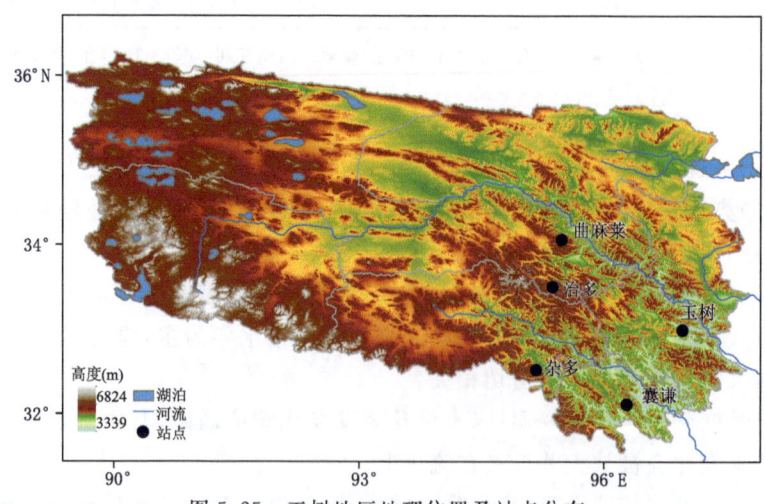

图5.25 玉树地区地理位置及站点分布

考虑到站点资料的稳定性和均一性,本研究选用杂多、治多、曲麻莱、玉树(县)和囊谦5个气象站点1980—2017年的月平均气温、地表温度和最大冻土深度资料,用以分析玉树地区最大冻土深度的变化特征,并揭示其对气候变暖的响应。所用资料由青海省气候中心提供,并且经过了严格的质量控制。

本节利用一元回归分析法进行最大冻土深度和温度因子变化的趋势分析,在ArcGis环境下进行最大冻土深度的空间差异分析,运用SPSS软件计算了最大冻土深度与各温度因子之间的相关系数。文中多年平均指的是气候常态值,即为1981—2010年平均值。

利用主成分分析从多元随机变量的观测样本矩阵中提取主成分,它们是原变量的线性组合且相互正交。主成分回归既保留了大部分原有的信息,又消除了因子之间复共线性,克服了最小二乘回归的缺点(魏凤英,2007)。

5.4.1 最大冻土深度的时空变化

5.4.1.1 最大冻土深度的年际变化

图5.26为玉树地区最大冻土深度的年际变化,可以看出,1980—2017年玉树地区年最大冻土深度整体上表现为减少趋势,其倾向率为10 cm/10a(通过了$\alpha=0.001$的显著性检验)。最大冻土深度最大值出现在1986年,为163 cm,到2006年达到了最小值为105 cm,最大值和最小值相差58 cm,最大冻土深度最小值较常年减少35 cm。2003年以前玉树地区最大冻土深度大多处在多年平均值以上,而2003年之后全处在平均值以下,其中2003年后减少的尤为明显,2004—2017年最大冻土深度与1980—2003年相比则减少了24 cm。同时,玉树地区季节性最大冻土深度的年代际波动也较明显,20世纪80年代处于下降阶段,90年代初至90年代中后期处于上升阶段,90年代中后期至21世纪前10年处于明显下降,之后又呈上升趋势,年代际间表现出"减—增—减—增"阶段性变化特征,但总体下降趋势仍较明显。值得关注的是近几年该地区季节性最大冻土深度略有增加,这可能与该地区实施的环境保护工程有关。

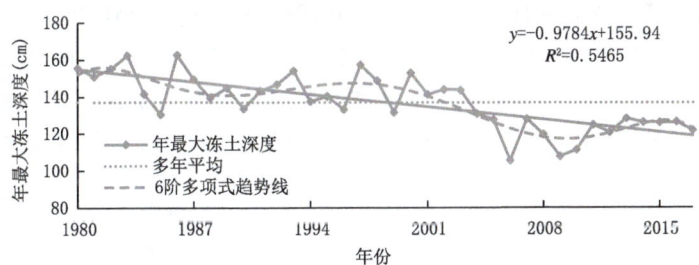

图5.26 1980—2017年玉树地区最大冻土深度年际变化趋势

5.4.1.2 最大冻土深度的年内变化

由图5.27可知,玉树地区季节性冻土具有显著的年内变化特征,季节性变化明显。进入9月后随着气温降低土壤开始冻结,10月至次年1月冻土深度显著增加,2月冻土深度达到最大值。玉树气温最低值和地表温度最低值出现在1月(−17.2 ℃和−21.8 ℃),而冻土深度最大值出现在2月,其深度为134 cm,治多和曲麻莱站气温最低值和地表温度最低值均出现在1月,而季节性冻土最大值则出现在3月,这与地气热量交换过程中热量自近地层大气和地表向地表深层传递相对缓慢的过程有关,也反映出季节性冻土最大冻土深度的变化相对于气温的变化存在一定的滞后现象,说明气温对季节性冻土的影响是连续的变化过程,并且存在一个过渡阶段。4月治多、杂多、曲麻莱站点仍有超过130 cm冻土存在,这主要与该地区海拔较高,常年气温较低有关,也与高海拔地区由于冬春季积雪长期存在,使得积雪增加了对大气辐射的反射,致使气温降低反而有利于最大冻土深度的继续维持有关(符传博 等,2011;高荣 等,2010)。5—6月随着太阳辐射增强,地面的热量收入大于热量支出,地温上升使土壤表层开始融化并向深层逐渐发展,导致最大冻土深度明显地减少。7—8月由于地表吸收太阳辐射能量达到最大值,故无冻土存在。

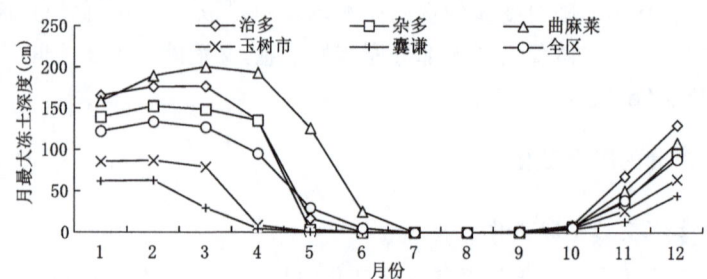

图5.27 1980—2017年玉树地区最大冻土深度年内变化趋势

5.4.1.3 最大冻土深度的空间变化

1980—2017年玉树地区各站点季节性最大冻土深度均呈下降趋势(图5.28),其中减少速率最大属北部曲麻莱,为16 cm/10a,西部杂多站次之为14 cm/10a,中部治多的减少最慢,仅为3 cm/10a(治多未通过显著性检验,其余均通过了$\alpha=0.001$的显著性检验),这表明在气候变暖背景下,玉树地区季节性最大冻土均呈显著或极显著的减少趋势,并呈现出"西北快、东南慢"变化特征。经分析,1980—2017年玉树地区各站点最大冻土深度出现的时间都在20世纪80年代和90年代初,曲麻莱、治多、杂多、玉树和囊谦最大冻土深度值依次为257 cm(1986年)、207 cm(1993年)、202 cm(1983年)、104 cm(1987年)和85 cm(1993年),而最小值出现的时间都在21世纪,其值依次为136 cm(2010年)、112 cm(2006年)、140 cm(2006年)、59 cm(2006年)和49 cm(2004年)。最大冻土深度空间分布显示为北部曲麻莱(202 cm)最大,其次为中部治多(178 cm),南部囊谦最小为(66 cm),空间分布上呈"西北高、东南低"特征。

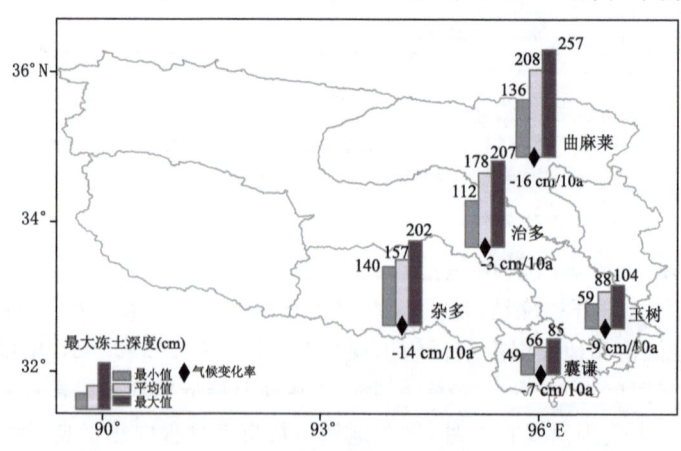

图5.28 1980—2017年玉树地区最大冻土深度空间变化

5.4.2 最大冻土深度与海拔的关系

从表 5.13 可以看出,玉树地区 1980—2017 年各站点年最大冻土深度平均值在 64～202 cm,其中以曲麻莱为最大,其深度为 202 cm,治多次之,为 178 cm,囊谦最小,仅为 64 cm。另对表 5.13 数据进行相关性分析,结果表明冻土与海拔高度之间存在明显的线性相关,两者间相关系数高达 0.987,通过了 $\alpha=0.01$ 的显著性检验,海拔高度平均每升高 100 m,平均最大冻土深度将增加 25 cm。表 5.13 表明,玉树地区受高海拔特殊地形和严酷的气候条件的共同影响,季节性冻土分布比较广泛且与海拔之间存在显著的线性相关,随海拔高度增加而增大,具有明显的垂直地带性地域分布特征。

表 5.13 1980—2017 玉树地区最大冻土深度与海拔高度关系

站点	曲麻莱	治多	杂多	玉树(县)	囊谦
海拔高度(m)	4175.0	4079.1	4066.7	3716.9	3643.7
平均最大冻土深度(cm)	202	178	153	87	64

5.4.3 最大冻土深度与气温的关系

降水、云量、日照以及积雪等气候因素都会对地表面的辐射和热量交换产生影响,从而影响到冻土的变化(李林 等,2005;张国胜 等,2007;汪青春 等,2005),而年平均气温升高,导致多年冻土厚度减薄(徐晓明等,2017)。本研究选取气温和地表温度作为气候变暖的指示因子。经分析,1980—2017 年玉树地区年平均气温、最高和最低气温别以 0.56 ℃/10a、0.51 ℃/10a 和 0.62 ℃/10a 的速率显著上升,均通过了 $\alpha=0.001$ 的显著性检验。就全区而言,平均最大冻土深度与气温因子之间相关系数分别达到了 -0.822、-0.726 和 -0.826(表 5.14),年平均最大冻土深度变化与气温之间呈反相的变化关系,两者在年际波动中具有较好的反向性,即气温较高的年份最大冻土深度较浅,气温较低的年份则对应的最大冻土深度较深,说明平均气温越低,最大冻土深度越大。从表 5.14 还可以看出,各站平均气温与最大冻土深度之间反相关系数在 -0.356～-0.807,平均气温和最低气温与最大冻土深度之间反相关系数均高于最高气温与最大冻土深度之间反相关系数,这种相关性正好说明该地区季节性冻土退化与气温升高有直接关系。换言之,1980—2017 年玉树地区气温的显著升高是导致该地区最大冻土深度减少的主要原因之一。

表 5.14 最大冻土深度与温度各因子的相关系数

	平均气温	平均最高气温	平均最低气温	平均地温	平均最高地温	平均最低地温
治多	-0.356**	-0.320	-0.364**	-0.315	-0.032	-0.359**
杂多	-0.807***	-0.708***	-0.799***	-0.761***	-0.042	
曲麻莱	-0.668***	-0.658***	-0.613***	-0.754***	0.046	-0.747***
玉树(市)	-0.706***	-0.579***	-0.710***	-0.708***	0.208	-0.740***
囊谦	-0.693***	-0.613***	-0.678***	-0.669***	-0.558***	-0.622***
全区	-0.822***	-0.726***	-0.826***	-0.833***	-0.292	-0.814***

注:**,*** 分别表示通过 0.05,0.01 显著性检验。

程国栋等(1982)认为,选取年平均地温能较好地反映冻土地带性和区域性因素的综合影响,土壤温度的变化与气温的变化紧密相关,尤其是地表温度随着气温的变化而同步进行(石亚亚 等,2007),地表温度可直接影响地表的感热和潜热能量,进而间接影响地气之间的能量平衡与水热平衡(杜军 等,2012)。线性趋势分析表明,该地区 1980—2017 年年平均地表温度、最高和最低地表温度升温速率分别为 0.75 ℃/10a、0.31 ℃/10a 和 1.28 ℃/10a(图略),其中年地表温度和平均最低地表温度通过了 $\alpha=0.001$ 的显著性检验,年平均最高地表温度通过了 $\alpha=0.05$ 的显著性检验。从各站点来看(表 5.14),平均地表温度、平均最高地表温度和平均最低地表温度与最大冻土深度之间反相关系数分别为 $-0.315\sim-0.761$、$-0.032\sim-0.558$ 和 $-0.359\sim-0.747$,各站点季节性最大冻土深度对地温因子响应关系是一致的(除囊谦站外)。囊谦站平均最高地温与最大冻土深度间的反相关系数高达 0.558,说明季节性冻土变化对局地温度的响应具有一定地域差异性,也可能与所处地理位置的土壤特性有关,有待进一步研究。就全区最大冻土深度与地表温度各因子间相关系数来看,地温的升温是导致最大冻土减少的另一主要原因,季节性冻土对地温变暖的响应呈现为退化状态,年平均地表温度和平均地表最低气温与最大冻土深度之间反相关系数要大于年平均最高地温与最大冻土深度之间反相关系数,表明在影响玉树地区最大冻土深度冻土变化中,首先是平均地表温度,其次为平均最低地表温度,平均最高地表温度与季节性冻土之间的反相关系数较小且未通过相关性检验,但对季节性冻土的影响作用不可忽视。

5.4.3.1 温度各因子之间主成分分析

从表 5.14 看出,在温度因子中除了年平均最高地表温度外,其余各因子与最大冻土之间存在显著的负相关关系,说明气温和地温作为影响冻土最主要的气候因子对地表面的辐射和热量交换产生影响,从而影响到冻土的变化,这与杜军(2012)等研究西藏季节性冻土对气候变化的响应时的部分结论相一致。运用 SPSS 统计分析软件进行温度因子的主成分分析时,得到各主成分的方差贡献率和载荷矩阵(表 5.15)。主成分分析结果表明,第一和第二主成分的特征值分别为 4.641 和 1.090,且前两个主成分的累计贡献率已达 95% 以上,说明前两个主成分可以解释原始因子的大部分信息,完全符合主成分分析的要求。第一主成分 Z_1 和第二主成分 Z_2 表达式如下:

$$Z_1=\frac{0.984}{\sqrt{4.641}}Z_{X1}+\frac{0.926}{\sqrt{4.641}}Z_{X2}+\frac{0.931}{\sqrt{4.641}}Z_{X3}+\frac{0.977}{\sqrt{4.641}}Z_{X4}+\frac{0.477}{\sqrt{4.641}}Z_{X5}+\frac{0.876}{\sqrt{4.641}} \tag{5.14}$$

$$Z_2=\frac{0.010}{\sqrt{1.090}}Z_{X1}+\frac{0.288}{\sqrt{1.090}}Z_{X2}+\frac{-0.287}{\sqrt{1.090}}Z_{X3}+\frac{-0.047}{\sqrt{1.090}}Z_{X4}+\frac{0.860}{\sqrt{1.090}}Z_{X5}+\frac{-0.427}{\sqrt{1.090}}Z_{X6} \tag{5.15}$$

式(5.14)和式(5.15)中,Z_{X1}、Z_{X2}、Z_{X3}、Z_{X4}、Z_{X5} 和 Z_{X6} 分别为标准化后的平均气温、最高气温、最低气温、地表温度、最高地表温度和最低地表温度。由表 5.15 可知,第一主成分里年平均气温、平均最高气温、平均最低气温、平均地表温度和最低地表温度五个因子载荷较高,第一主成分主要反映了年平均气温、平均最高气温、平均最低气温、平均地表温度和最低地表温度包含的信息;第二主成分里平均最高地表温度因子载荷较高,第二主成分主要反映了年平均最高地表温度包含的信息。

表 5.15 主成分方差贡献率和载荷矩阵

成分	初始特征值			提取平方和载入			主成分载荷矩阵		
	合计	方差(%)	累积(%)	合计	方差(%)	累积(%)	变量	主成分1	主成分2
1	4.641	77.352	77.352	4.641	77.352	77.352	Z_{X_1}	0.984	0.010
2	1.090	18.163	95.514	1.090	18.163	95.514	Z_{X_2}	0.926	0.288
3	0.163	2.720	98.234	0.163	2.720	98.234	Z_{X_3}	0.931	−0.287
4	0.083	1.383	99.618				Z_{X_4}	0.977	−0.047
5	0.018	0.303	99.921				Z_{X_5}	0.477	0.860
6	0.005	0.079	100.000				Z_{X_6}	0.876	−0.427

5.4.3.2 最大冻土深度变化对温度因子响应模型建立

为了进一步明确平均最大冻土深度对温度变化的响应特征,建立定量描述冻土对温度因子变化的响应方程,利用所提取的两个主成分进行逐步回归分析并给出了第一主成分和第二主成分对因变量 Z_Y 的回归方程:

$$Z_Y = -1.530 \times 10^{-16} - 0.392 Z_1 \tag{5.16}$$

式中,Z_Y 为因变量;Z_1 为第 1 主成分,第二主成分未进入回归方程。经检验,上式复相关系数 R^2 为 0.711,F 值为 88.761,常数项近似为零。方程和复相关系数通过了 $\alpha=0.001$ 的显著性检验,说明模型的拟合程度较好。根据因变量和自变量标准化方程 $y'=(y-均值)/标准差$,$x'=(x-均值)/标准差$,还原到原始变量得到方程:

$$Y = 191.8 - 3.5T_0 - 3.1T_1 - 3.1T_2 - 2.9T_3 - 1.0T_4 - 1.4T_5 \tag{5.17}$$

式中,Y 为平均最大冻土深度(cm),T_0 为年平均气温(℃),T_1 为年平均最高气温(℃),T_2 为年平均最低气温(℃),T_3 为年平均地表温度(℃),T_4 为年平均最高地表温度(℃),T_5 为年平均最低地表温度(℃)。

5.4.3.3 最大冻土深度变化对温度因子响应模型检验

经计算,实测值与模型拟合值绝对误差在 0.0~24.7,平均绝对误差为 5.8%,相对误差在 0.0~19.0,平均相对误差为 4.4%。将 1980—2017 年温度数据带入建立的最终模型中,采用实测值与预测值 1∶1 作图法进行检验,从图 5.29 可以看出玉树地区 1980—2017 年最大冻土深度实测值与预测值的相关系数为 0.84,通过了 $\alpha=0.001$ 的显著性检验,表明温度各因子对方程贡献是显著的,该方程在未来气候变暖背景下用于估算玉树地区平均最大冻土深度的变化具有较高的可信度。

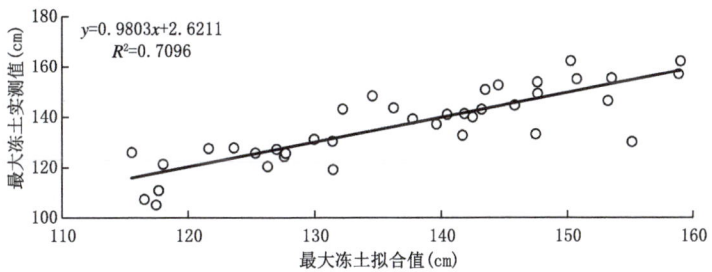

图 5.29 玉树地区最大冻土深度变化对温度因子响应模型检验

5.4.4 结论

(1)在全球变暖背景下,时间上,玉树地区1980—2017年平均气温和平均地温分别以0.56 ℃/10a、0.76 ℃/10a速率上升,最大冻土深度整体则以10 cm(℃/10a)速率显著下降。最大冻土深度年代际变化呈"减—增—减—增"阶段性波动特征。空间上,最大冻土深度呈"西北高、东南低"分布特征,北部减少的速率大于南部,其冻土值分布与海拔高度存在显著的线性相关且随海拔高度升高而增大,具有明显的垂直地带性分布。

(2)玉树地区季节性冻土具有显著的年内变化特征,季节性变化明显。最大值出现在2—3月,随着太阳辐射增强和地面热量增加,致使5—8月季节性最大冻土明显减少。由于地气热量交换过程使季节性冻土最大冻土深度对温度的响应变化存在一定的滞后。

(3)玉树地区季节性冻土对气温变暖的响应呈现为退化状态,除平均最高地温外,其余各因子与最大冻土深度变化有良好的相关性,对冻土影响最大的是平均地温,其次为平均最低气温和平均气温。各站点季节性最大冻土深度对气温因子响应关系的结果是一致的,但其程度及其显著性不同,表明了局地温度变化对季节性冻土的影响有一定差异性。随着气候变暖,冻土的预估模型可为玉树地区冻土变化定量预估和预警提供参考依据。

在气候持续变暖的影响下,全球面临的冻土退化趋势日益显著,引发的冻融灾害也逐渐增多,比如加剧高寒沼泽湿地萎缩、草地沙漠化和荒漠化、引起高寒地区建筑工程稳定性的下降等等。影响季节性冻土的因素很多,比如地形、坡向、植被、水体、含水量等地形因子以及降水、云量、日照以及积雪等气候因子,这些因子都参与大气与地面间的热交换,影响地面和地中温度状况,进而影响冻土的分布变化。本研究仅从海拔高度和温度对该地区季节性冻土的影响进行探讨,其他因子影响有待于进一步研究。加强冻土退化规律及其对生态环境影响的机制研究将对生态环境和区域发展带来积极影响,这也是今后要深入研究和努力的方向。

参考文献

白爱娟,黄融,程志刚,等,2014.气候变暖情景下的青海湖水位变化[J].干旱区研究,31(5):793-797.
毕慕莹,丁一汇,1992.1980年夏季华北干旱时期东亚阻塞形势的位涡分析[J].应用气象学报,3(2):145-155.
别强,强文丽,王超,等,2013.1960—2010年黑河流域冰川变化的遥感监测[J].冰川冻土,35(3):574-582.
常国刚,李林,朱西德,等,2007.黄河源区地表水资源变化及其影响因子研究[J].地理学报.62(3):716-722.
陈碧珊,潘安定,杨木壮,2010.近50年柴达木盆地气候要素分布特征及变化趋势分析[J].干旱区资源与环境,25(5):117-123.
陈博,李建平,2008.近50年来中国季节性冻土与短时冻土的时空变化特征[J].大气科学,32(3):432-443.
陈官军,魏凤英,姚文清,等,2017.基于低频振荡信号的中国南方冬半年持续性低温指数延伸期预报试验[J].气象学报,75(3):400-414.
陈虹举,杨建平,谭春萍,2017.中国冰川变化对气候变化的响应程度研究[J].冰川冻土,39(1):16-23.
陈隆勋,李薇,赵平,2001.青藏高原冬季热状况对赤道太平洋纬向风异常的影响[J].中国科学(D辑),31(S1):320-326.
陈文,丁硕毅,冯娟,等,2018.不同类型ENSO对东亚季风的影响和机理研究进展[J].大气科学,42(3):640-655.
陈文元,2019.高原山区河流水沙演变特征研究——以格尔木河为例[J].水资源开发与管理,8:9-17.
陈月娟,张弘,周任君,等,2001.西太平洋副热带高压的强度和位置与亚洲地表温度之关系[J].大气科学,25(4):515-522.
陈忠明,刘富明,赵平,等,2001.青藏高原地表热状况与华西秋雨[J].高原气象,20(1):94-99.
程国栋,王绍令,1982.试论中国高海拔多年冻土带的划分[J].冰川冻土,4(2):1-17.
程建忠,陆志翔,邹松兵,等,2017.黑河干流上中游径流变化及其原因分析[J].冰川冻土,39(1):123-129.
除多,洛桑曲珍,林志强,等,2018.近30a青藏高原雪深时空变化特征分析[J].气象,44(2):233-243.
代稳,吕殿青,李景保,等,2016.气候变化和人类活动对长江中游径流量变化影响分析[J].冰川冻土,38(2):488-497.
戴升,李林,王振宇,等,2007.2006年夏季三江源地区特旱气候的诊断分析[J].青海气象,3:39-42.
戴升,申红艳,李林,等,2013.柴达木盆地气候由暖干向暖湿转型的变化特征分析[J].高原气象,32(1):211-220.
丁一汇,2013.中国气候[M].北京:科学出版社.
丁一汇,张莉,2008.青藏高原与中国其他地区气候突变时间的比较[J].大气科学,32(4):794-805.
丁裕国,江志红,2009.极端气候研究方法导论[M].北京:气象出版社.
董薇薇,丁永建,魏霞,2014.祁连山疏勒河上游基流变化及其影响因素分析[J].冰川冻土,36(3):661-669.
董文杰,韦志刚,范丽军,等,2001.青藏高原东部牧区雪灾的气候特征分析[J].高原气象,20(4):402-406.
杜军,建军,洪健昌,等,2012.1961—2010年西藏季节性冻土对气候变化的响应[J].冰川冻土,34(3):512-521.
段安民,肖志祥,吴国雄,2016.1979—2014全球变暖背景下青藏高原气候变化特征[J].气候变化研究进展,12(5):374-381.
封建民,王涛,谢昌卫,等,2004.黄河源区生态环境退化研究[J].地球科学进展,23(6):56-62.
冯婧,2012.全球模式对中国区域气候的模拟评估和预估[D].南京:南京信息工程大学.

冯晓莉,刘彩红,祁栋林,2016.青海省汛期极端强降水特征及影响[J].中国农学通报,32(5):125-130.
伏洋,肖建设,校瑞香,等,2010.气候变化对柴达木盆地水资源的影响——以克鲁克湖流域为例[J].冰川冻土,30(6):998-1006.
符传博,丹利,吴涧,等,2011.新疆地区雪深和雪压的分布及其55年的变化特征分析[J].地球物理学进展,26(1):182-193.
符传博,丹利,吴涧,等,2013.全球变暖背景下新疆地区近45a来最大冻土深度变化及其突变分[J].冰川冻土,35(6):1410-1416.
高懋芳,邱建军,2011.青藏高原主要自然灾害特点及分布规律研究[J].干旱区资源与环境,25(8):101-106.
高桥浩一郎,1979.从月平均气温、月降水量来推算蒸散发量的公式[J].天气,26(12):29-32.
高荣,董文杰,韦志刚,2008.青藏高原季节性冻土的时空分布特征[J].冰川冻土,30(5):740-744.
高荣,钟海玲,董文杰,2010.青藏高原积雪和季节冻融层的突变特征及其对中国降水的影响[J].冰川冻土,32(3):469-473.
高晓容,王春乙,张继权,等,2012.近50年东北玉米生育阶段需水量及旱涝时空变化[J].农业工程学报,28(12):101-109.
高由禧,郭其蕴,1958.我国的秋雨现象[J].气象学报,29(4):269-273.
格桑,卓玛,2007.浅析西藏高原气候变化及其对农牧业生产的影响[J].西藏科技(4):53-55.
龚志强,王晓娟,崔冬林,等,2012.区域性极端低温事件的识别及其变化特征[J].应用气象学报,23(2):195-204.
韩国军,王玉兰,房世波,2011.近50年青藏高原气候变化及其对农牧业的影响[J].资源科学,33(10):1969-1975.
何奇瑾,周广胜,2012.我国春玉米潜在种植分布区的气候适宜性[J].生态学报,32(12):3931-3939.
何溪澄,李巧萍,丁一汇,等,2007.ENSO暖冷事件下东亚冬季风的区域气候模拟[J].气象学报,65(1):18-28.
胡广隆,2006.实用中长期天气预报[M].北京:国防工业出版社.
胡玮,严昌荣,李迎春,等,2014.气候变化对华北冬小麦生育期和灌溉需水量的影响[J].生态学报,34(9):2367-2377.
黄爱纤,张新跃,唐川江,等,2015.川西北牧区水热条件与牧草产量的相关性[J].草业科学,32(5):754-759.
黄德昌,岳安荣,石现文,1995.川西北高原主要的牧事活动与气象条件[J].中国农业气象,16(1):37-40.
黄德青,于兰,张耀生,等,2011.祁连山北坡草地生物量及其与气象因子的关系[J].草业科学,28(8):1495-1501.
黄浩,张勃,黄涛,等,2020.近30a甘肃省河东地区极端气温指数时空变化特征及趋势预测[J].干旱区地理,43(2):319-328.
黄蕊,徐利岗,刘俊民,2013.中国西北干旱区气温时空变化特征[J].生态学报,33(13):4078-4089.
黄以职,郭东信,赵秀峰,等,1993.青藏高原冻土沙漠化及其对环境的影响[J].冰川冻土,15(1):52-57.
纪忠萍,谷德军,梁健,等,2007.近55年影响广州的强冷空气及其准双周变化[J].大气科学,31(5):999-1010.
季国良,蒲明,席蕴玉,1986.1983年夏季青藏高原地区的地面和大气加热场[J].高原气象,5(2):155-166.
贾文雄,2011.近50a来祁连山及河西走廊极端气候的时空变化研究[J].干旱地理,34(4):559-567.
贾文雄,张禹舜,2014.近50年来祁连山及河西走廊地区极端降水的时空变化研究[J].地理科学,34(8):1002-1009.
贾小龙,张培群,陈丽娟,等,2008.2007年我国秋季降水异常的成因分析[J].气象,34(4):86-94.
姜琪,罗斯琼,文小航,等,2020.1961—2014年青藏高原积雪时空特征及其影响因子[J].高原气象,39(1):24-36.

赖祖铭,1996.气候变化对青藏高原大江河径流的影响[J].冰川冻土,18(增刊):31-43.
蓝永超,林舒,李州英,等,2006.近50a来黄河上游水循环要素变化分析[J].中国沙漠,26(5):849-854.
蓝永超,文军,赵国辉,等,2010.黄河河源区径流对气候变化的敏感性分析[J].冰川冻土,32(1):176-181.
李栋梁,2006.青藏高原地面加热场强度变化及其与太阳活动的关系[J].高原气象,25(6):975-982.
李栋梁,陈丽萍,1990.青藏高原地面加热场强度与东亚环流与西北初夏旱的关系[J].应用气象学报,1(4):383-391.
李栋梁,魏丽,蔡英,2003.中国西北现代气候变化事实与未来趋势展望[J].冰川冻土,25(2):135-142.
李栋梁,张佳丽,全建瑞,等,1998.黄河上游径流量演变特征及成因研究[J].水科学进展,9(1):22-28.
李峰,矫梅燕,丁一汇,等,2006.北极区近30年环流的变化及对中国强冷事件的影响[J].高原气象,25(2):209-219.
李红梅,李林,2015.2 ℃全球变暖背景下青藏高原平均气候及极端气候事件变化[J].气候变化研究进展,11(3):157-164.
李红梅,李林,李万志,2018.气象干旱监测指标在青海高原的适用性分析[J].干旱区研究,35(1):114-121.
李林,陈晓光,王振宇,等,2010.青藏高原气候变化的最新事实及其区域差异性研究[J].气候变化研究进展,6(3):117-126.
李林,申红艳,戴升,等,2011.黄河源区径流对气候变化的响应及未来趋势预测[J].地理学报,66(9):1261-1269.
李林,汪青春,张国胜,等,2004.黄河上游气候变化对地表水的影响[J].地理学报.59(5):716-722.
李林,朱西德,汪青春,等,2005a.青海高原冻土退化的若干事实揭示[J].冰川冻土,27(3):320-328.
李林,朱西德,王振宇,等,2005b.近42a来青海湖水位变化的影响因子及其趋势预测[J].中国沙漠,25(5):689-696.
李韧,赵林,丁永建,等,2009.青藏高原季节冻土的气候学特征[J].冰川冻土,31(6):1050-1056.
李维京,赵振国,2003.中国北部干旱的气候特征及其成因的初步研究[J].干旱气象,21(4):1-5.
李英年,1995.高寒地区气象条件与季节草场及牧事活动[J].青海草业,4(3):26-31.
李永飞,杨太保,2005.近50年来柴达木盆地升温与全球变暖[J].上饶师范学院学报,25(3):105-109.
梁潇云,钱正安,李万元,2002.青藏高原东部牧区雪灾的环流型及水汽场分析[J].高原气象,21(4):359-368.
刘彩红,余锦华,方珂,等,2020.青藏高原雪灾变化对热带海洋海温异常响应的数值模拟[J].气象科学,40(6):810-818.
刘勤,梅旭荣,严昌荣,等,2013.华北冬小麦降水盈亏变化特征及气候影响因素分析[J].生态学报,33(20):6643-6651.
刘宪锋,朱秀芳,潘耀忠,等,2014.近53年内蒙古寒潮时空变化特征及其影响因素[J].地理学报,69(7):1013-1024.
刘钰,PereiraLS,2000.对FAO推荐的作物系数计算方法的验证[J].农业工程学报,16(5):26-30.
罗栋梁,金会军,林琳,等,2012.青海高原中、东部多年冻土及寒区环境退化[J].冰川冻土,34(3):538-544.
罗霄,李栋梁,王慧,2013.华西秋雨演变的新特征及其对大气环流的响应[J].高原气象,32(4):1019-1031.
罗晓玲,刘明春,严志明,2012.2011年3月12~14日河西走廊东部区域性寒潮天气分析[J].安徽农业科学,40(9):5571-5574.
马荣,2018.1979—2016年西北干旱区积雪变化特征及其成因分析[D].兰州:西北师范大学.
马柱国,符淙斌,2006.1951—2004年中国北方干旱化的基本事实[J].科学通报,51(20):2429-2439.
牛丽,叶柏生,李静,等,2011.中国西北地区典型流域冻土退化对水文过程的影响[J].中国科学:地球科学,41(1):85-92.
钱维宏,2012.中期—延伸期天气预报原理[M].北京:科学出版社.
钱维宏,张玮玮,2007.我国近46年来的寒潮时空变化与冬季增暖[J].大气科学,31(6):1266-1278.

钱永甫,颜宏,王谦谦,等,1988.行星大气中地形效应的数值研究[J].北京:科学出版社.
青海省气候变化监测评估中心,2012.青海省气候变化评估报告[M].北京:气象出版社.
邵晓梅,严昌荣,2007.黄河流域主要作物的降水盈亏格局分析[J].中国农业气象,28(1):40-47.
申红艳,马明亮,王翼,等,2012a.青海省极端气温事件的气候变化特征研究[J].冰川冻土,34(6):1371-1379.
申红艳,王翼,马明亮,等,2012b.青海高原冬季持续低温集中程度的气候特征及其成因[J].冰川冻土,34(6):1394-1402.
沈永平,王国亚,2013.IPCC第一工作组第五次评估报告对全球气候变化认知的最新科学要点[J].冰川冻土,35(5):1068-1076.
施能,朱乾根,古文保,等,1994.夏季北半球500 hPa月平均场遥相关型及其与我国季风降水异常的关系[J].南京气象学院学报,17(1):1-10.
施雅风,1995.气候变化对西北华北水资源的影响[M].济南:山东科学出版社.
施雅风,张祥松,1995.气候变化对西北干旱区地表水资源的影响和未来趋势[J].中国科学(B辑),25(9):968-977.
施雅风,沈永平,胡汝骥,2000.西北气候由暖干向暖湿转型的信号、影响和前景的初步探讨[J].冰川冻土,24(3):219-226.
石亚亚,杨成松,车涛,2007.MODIS LST产品青藏高原冻土图的精度验证[J].冰川冻土,39(1):70-78.
时兴合,赵燕宁,戴升,等,2005.柴达木盆地40多年来的气候变化研究[J].中国沙漠,25(1):123-128.
时兴合,王振宇,戴升,等,2012.青海南部冬春季雪灾的气候诊断与预测[J].冰川冻土,34(6):1141-1148.
宋春桥,游松财,刘高焕,等,2012.那曲地区草地植被时空格局与变化及其人文因素影响研究[J].草业学报,21(3):1-10.
孙国武,1997.西北干旱气候研究[M].北京:气象出版社.
孙华,何茂萍,胡明成,2015.全球变化背景下气候变暖对中国农业生产的影响[J].中国农业资源与区划,36(7):51-57.
孙卫国,2008.气候资源学[M].北京:气象出版社.
孙卫国,程炳岩,李荣,2010.黄河源区径流量的季节变化及其与区域气候的小波相关[J].中国沙漠,30(3):712-721.
汤懋苍,1993.高原季风研究的若干进展[J].高原气象,12(1):95-101.
汤奇成,曲耀光,1992.中国干旱区水文及水资源利用[M].北京:科学出版社.
万力,曹文炳,周训,等,2003.黄河源区水环境变化及黄河出现冬季断流的原因[J].地质通报,22(7):521-526.
万瑜,曹兴,窦新英,等,2015.中天山北坡春季寒潮型暴雪致灾成因分析[J].干旱区地理,38(3):478-486.
汪青春,李林,李栋梁,等,2005.青海高原多年冻土对气候增暖的响应[J].高原气象,24(5):708-713.
汪青春,李凤霞,刘宝康,等,2015.近50a来青海干旱变化及其对气候变暖的响应[J].干旱区研究,32(1):65-72.
王澄海,董文杰,韦志刚,2001.青藏高原季节性冻土年际变化的异常特征[J].地理学报,56(5):523-531.
王翼,江志红,丁裕国,等,2008.21世纪中国极端气温指数变化情况预估[J].资源科学,30(7):1084-1092.
王江山,2004.青海省天气气候[M].北京:气象出版社.
王盘兴,赵辉,2010.闭合气压系统中心位置指数的计算方案[J].大气科学学报,33(5):520-526.
王绍武,罗勇,赵宗慈,等,2013.IPCC第5次评估报告问世[J].气候变化研究进展,9(6):436-439.
王婷婷,冯起,李宗省,等,2018.1960—2012年祁连山东段古浪河流域极端气候事件研究[J].冰川冻土,40(3):598-606.
王位泰,张天峰,马鹏里,等,2008.甘肃陇东黄土高原秋季冬小麦异常旺长对气候变暖的响应[J].生态学杂志,27(9):1491-1497.

王晓娟,沈柏竹,龚志强,等,2013.中国冬季区域性极端低温事件分类及其与气候指数极端性的联系[J].物理学报,62(22):1-11.

王允,张庆云,彭京备,2008.东亚冬季环流季节内振荡与2008年初南方大雪关系[J].气候与环境研究,13(4):459-467.

王遵娅,丁一汇,2006.近53年中国寒潮的变化特征及其可能原因[J].大气科学,30(6):1068-1076.

魏凤英,2007.现代气候统计诊断与预测技术[M].北京:气象出版社.

魏凤英.2008.气候变暖背景下我国寒潮灾害的变化特征[J].自然科学进展,18(3):289-295.

温克刚,2007.中国气象灾害大典·青海卷[M].北京:气象出版社.

吴洪宝,吴蕾,2005.气候变率诊断和预测方法[M].北京:气象出版社.

吴青柏,董献付,刘永值,2005.青藏公路沿线多年冻土对气候变化和工程影响的响应分析[J].冰川冻土,27(1):50-53.

谢永坤,刘玉芝,黄建平,2014.秋季北极海冰对中国冬季气温的影响[J].气象学报,72(4):703-710.

徐国昌,李栋梁,陈丽萍,1990.青藏高原地面加热场强度的气候特征[J].高原气象,9(1):32-43.

徐晓明,吴青柏,张中琼,2017.青藏高原多年冻土活动层厚度对气候变化的响应[J].冰川冻土,39(1):1-8.

徐裕华,1991.西南气候[M].北京:气象出版社.

许莹,马晓群,王晓东,等,2013.淮河流域冬小麦水分亏缺时空变化特征分析[J].地理科学,33(9):1138-1144.

杨贵名,孔期,毛冬艳,等,2008.2008年初"低温雨雪冰冻"灾害天气的持续性原因分析[J].气象学报,66(5):836-849.

杨贵名,毛冬艳,孔期,2009."低温雨雪冰冻"天气过程锋区特征分析[J].气象学报,67(4):652-665.

杨金虎,靳荣,刘晓云,等,2017.西北地区东部汛期降水季节内分布特征分析[J].干旱区地理,40(5):942-950.

杨莲梅,曾勇,刘雯,2016.北疆冬季持续性低温事件特征及大气环流异常分析[J].气候变化研究进展,12(6):508-518.

杨世刚,杨德保,赵桂香,等,2011.三种干旱指数在山西省干旱分析中的比较[J].高原气象,30(5):1406-1414.

杨秀海,卓嘎,罗布,2011.藏北高原气候变化与植被生长状况[J].草业科学,28(4):626-630.

杨志华,1980.放牧绵羊膘情气象条件的初步探讨[J].内蒙古气象(20):38-42.

姚檀栋,秦大河,田立德,等,1996.青藏高原2 ka来温度与降水变化古里雅冰芯记录[J].中国科学(D辑),26(4):348-353.

姚檀栋,刘时银,蒲健辰,等,2004.高亚洲冰川的近期退缩及其对西北水资源的影响[J].中国科学(D辑),34(6):535-543.

姚瑶,张鑫,马全,等,2014.青海省东部农业区区域干旱指标及干旱变化规律[J].西北农林科技大学学报(自然科学版),42(12):208-213.

叶殿秀,赵珊珊,孙家民,2011.近50多年青海玉树冻土变化特征分析[J].长江流域资源与环境,20(9):1080-1084.

于国斌,李忠勤,王璞玉,2014.近50a祁连山西段大雪山和党河南山的冰川变化[J].干旱区地理,37(2):299-309.

余斌,朱乾根,徐祥德,1992.源地冷空气强度变异与冷涌活动特征的数值试验[J].中国科学院研究生院学报,9(4):356-366.

郁淑华,高文良,2017.高原低涡与西南涡结伴而行的不同活动形式个例的环境场和位涡分析[J].大气科学,41(4):831-856.

曾小凡,李巧萍,苏布达,等,2009.松花江流域气候变化及ECHAM5模式预估[J].气候变化研究进展,5(4):

215-219.

翟建青,曾小凡,苏布达,等,2009.基于 ECHAM5 模式预估 2050 年前中国旱涝格局趋势[J].气候变化研究进展,5(4):220-225.

张葆成,2010.藏东牧畜气候适应性探讨[C]//第 27 届中国气象学会年会现代农业气象防灾减灾与粮食安全分会场论文集.

张存杰,王宝灵,刘德祥,1998.西北地区旱涝指标的研究[J].高原气象,17(4):381-389.

张调风,张勃,张苗,等,2012.1962—2010 年甘肃省黄土高原区干旱时空动态格局[J].生态学杂志,31(8):2066-2074.

张国胜,李林,汪青春,等,2007.青海高原冻土退化驱动因素的定量辨识[J].地理科学,27(3):337-341.

张核真,路红亚,洪健昌,等,2013.藏西北地区气候变化及其对草地畜牧业的影响[J].干旱区研究,30(2):308-314.

张培忠,陈光明,1999.影响中国寒潮冷高压的统计研究[J].气象学报,57(4):493-501.

张人禾,苏凤阁,江志红,等,2015.青藏高原 21 世纪气候和环境变化预估研究进展[J].科学通报,60(32):3036-3047.

张森琦,王永贵,赵永真,等,2004.黄河源区多年冻土退化及其环境反映[J].冰川冻土,26(1):1-6.

张山清,普宗朝,李景林,等,2013.1961—2010 年新疆季节性最大冻土深度对冬季负积温的响应[J].冰川冻土,35(6):1419-1425.

张淑杰,张玉书,隋东,等,2010.东北地区参考蒸散量的变化特征及其成因分析[J].自然资源学报,25(10):1750-1761.

张伟,江静,2016.我国冬季持续低温事件预报模型的建立[J].气象科学,36(4):517-523.

张盈盈,李忠贤,刘伯奇,2015.春季青藏高原表面感热加热的年际变化特征及其对印度夏季风爆发时间的影响[J].大气科学,39(6):1059-1072.

张玉芳,王明田,刘娟,等,2013.基于水分盈亏指数的四川省玉米生育期干旱时空变化特征分析[J].中国生态农业学报,21(2):236-242.

张宗婕,钱维宏,2012.中国冬半年区域持续性低温事件的前期信号[J].大气科学,36(6):1269-1279.

赵芳芳,徐宗学,2009.黄河源区未来气候变化的水文响应[J].资源科学,31(5):722-731.

赵俊虎,王永光,2019.2018 年秋季我国气候异常及成因分析[J].气象,45(4):123-134.

赵平,陈隆勋,2001.35 年来青藏高原大气热源气候特征及其与中国降水的关系[J].中国科学(D 辑),31(4):327-332.

赵天保,陈亮,马柱国,2014.CMIP5 多模式对全球典型干旱半干旱区气候变化的模拟与预估[J].科学通报,59:1148-1163.

赵小娟,2008.青南牧区生态畜牧业发展现状分析及对策[J].青海畜牧兽医杂志,38(5):34-37.

赵雪雁,雒丽,王亚茹,等,2014.1963—2012 年青藏高原东缘极端气温变化特征及趋势[J].资源科学,36(10):2113-2122.

赵振国,1999.中国夏季旱涝及环境场[M].北京:气象出版社.

郑度,李炳元,1999.青藏高原地理环境研究进展[J].地理科学,19(4):295-302.

郑广芬,冯建民,赵光平,等,2010.中国西北地区东部沙尘暴区划研究[J].自然资源学报,25(10):1676-1688.

周陈超,贾绍凤,燕华云,等,2005.近 50 年以来青海省水资源变化趋势分析[J].冰川冻土,27(3):432-437.

周瑶,张鑫,徐静,2013.青海省东部农业区参考作物蒸散量的变化及对气象因子的敏感性分析[J].自然资源学报,28(5):765-775.

朱晨玉,黄菲,石运昊,等,2014.中国近 50 年寒潮冷空气的时空特征及其与北极海冰的关系[J].中国海洋大学学报,44(12):12-20.

朱春鹏,张喜发,张冬青,等,2004.季节性冻土地区道路冻深的研究[J].辽宁交通科技(4):16-18.

参考文献

朱毓颖,江静,2013. 中国冬季持续性低温事件的低频特征以及中低纬大气低频振荡对其的影响[J]. 热带气象学报,29(4):649-655.

卓嘎,杨秀海,罗文红,2009. 西藏那曲地区气候变化与牧业生产的关系[J]. 资源科学,31(3):485-492.

ALLEN R G, PEREIRA L S, RAES D, et al, 1998. Cropevapotranspiration: guidelines for computing crop water requirements [J]. FAO Irrigation and Drainage paper 56, Rome.

BAO Q, YANG J, LIU Y, et al, 2010. Roles of Anomalous Tibetan Plateau warming on the severe 2008 winter storm in Central-Southern China[J]. Mon Wea Rev, 138(6):2375-2384.

DAI A, 2011. Drought under global warming: a review[J]. Wiley Interdisciplinary Reviews Climate Change, 2(1):45-65.

DONG B W, SUTTON R T, CHEN WEI, et al, 2016. Abrupt summer warming and changes in temperature extremes over northeast Asia since the mid-1990s: Drivers and physical processes[J]. Advances in Atmospheric, 33:1005-1023.

GAO H, 2009. China's snow disaster in 2008, who is the principal player? [J]. Int J Climatol, 29(14):2191-2196.

GONG L B, XU C Y, CHEN D L, et al, 2006. Sensitivity of the Penman-Monteith reference evapotranspiration to key climatic variables in the Chang jiang(Yangtze River) basin [J]. Journal of Hydrology, 329:620-629.

HU J, DUAN A M, 2015. Relative contributions of the Tibetan Plateau thermal forcing and the Indian Ocean Sea surface [J]. Climate Dynamics, 45:2697-2711.

HU K M, HUANG G, HUANG R H, 2011. The impact of tropical Indian Ocean variability on summer surface air temperature in China[J]. Journal of Climate, 24:5365-5377.

HUANG J P, ZHANG W, ZUO J Q, et al, 2008. An overview of the semi-arid climate and environment research observatory over the Loess Plateau[J]. Advances in Atmospheric Sciences, 25(6):906-921.

HUANG Q, ZHAO X H, 2004. Factors affecting runoff change in the upper reaches of the Yellow River[J]. Progress in Natural Science, 14(9):811-816.

JI F, WU Z H, HUANG J P, et al, 2014. Evolution of land surface air temperature trend[J]. Nature Climate Change(4):462-466.

KALNAY E, KANAMITSU M, KISTLER R, et al, 1996. The NCEP/NCAR 40-year reanalysis project[J]. Bull Amer Meteor Soc, 77(3):437-471.

KOSAKA Y, XIE S P, 2013. Recent global-warming hiatus tied to equatorial Pacific surface cooling[J]. Nature, 501:403-407.

LI Y, YANG X G, YE Q, et al, 2011. Variation characteristics of rice water requirement in middle and lower reaches of Yangtze River during1961-2007[J]. Transactions of the CSAE, 27(9):175-183.

LIANG X Z, WANG W C, 1998. Associations between China monsoon rainfall and tropospheric jets[J]. Quarterly Journal of the Royal Meteorological Society, 124:2597-2623.

LIN Z, LU R, 2005. Interannual meridional displacement of the East Asian upper-tropospheric jet stream in summer[J]. Advances in Atmospheric Sciences, 22(2):199-211.

ROHDE R, MULLER R, JACOBSEN R, et al, 2013. Berkeley Earth temperature averaging process[J]. Geoinformatics & Geostatistics: An Overview, 1:2.

TIEDTKE M, 1996. An extension of cloud-radiation parameterization in the ECMWF model: the representation of subgrid-scale variations of optical depth[J]. Mon Wea Rev, 124(4):745-750.

WU G X, ZHANG Y S, 1998. Tibetan Plateau forcing and the timing of the monsoon onset over South Asia and the South China Sea[J]. Monthly Weather Review, 126(4):913-927.

XU C H and XU Y, 2012. The Projection of temperature and precipitation over China under RCP scenarios using a CMIP5[J]. Atmospheric and Oceanic Science Letters,5(6):527-533.

YANG S,LAU K M,YOO S H,et al,2004. Upstream subtropical signals preceding the asian summer monsoon circulation[J]. Journal of Climate,17(21):4213-4229.

YEH T C,1950. The circulation of the high troposphere over China in the winter of 1945-1946[J]. Tellus,2(3):173-183.

YUAN C X,TOZUKA T,YAMAGATA T,2012. IOD influence on the early winter Tibetan Plateau snow cover: diagnostic analyses and an AGCM simulation[J]. Climate Dyn,39(7):1643-1660.

ZHANG Z J,QIAN W H,2011. Identifying regional prolonged low temperature events in China[J]. Adv Atmos Sci,28(2):338-351.